Yuma Greenwood

DAS PSYCHEDELISCHE KOCHBUCH

NACHTSCHATTEN VERLAG

Impressum

Nachtschatten Verlag AG
Kronengasse 11
CH-4500 Solothurn
www.nachtschatten.ch
info@nachtschatten.ch

2. Auflage 2024

Der Nachtschatten Verlag wird vom Bundesamt für Kultur mit einem Strukturbeitrag für die Jahre 2021–2024 unterstützt.

Fachlektorat und Ergänzungen: Markus Berger, Felsberg
Lektorat: Inez Ulrich, Ortenburg
Korrektorat: Jutta Berger, Felsberg
Layout: Nina Seiler, Zürich
Umschlaggestaltung: Stefan Theurer, Eningen

Printed in EU
ISBN: 978-3-03788-491-1

Die in diesem Buch enthaltenen Informationen wurden mit Sorgfalt und nach bestem Wissen und Gewissen recherchiert, geprüft und zusammengestellt. Angaben zu Anwendungen und Dosierungen beruhen in erster Linie auf Angaben in der Literatur, auf Berichten von Kollegen und/oder Selbstversuchen. Dabei muss ausdrücklich davor gewarnt werden, Dosisangaben als absolut zu betrachten; die gleiche Dosierung kann individuell sehr unterschiedliche Wirkungen hervorrufen. Die dargestellten Extraktionsmethoden können überdies Risiken bergen, insbesondere bei unsachgemäßer Handhabung. Autor und Verlag übernehmen keinerlei Haftung für Schäden oder Folgen irgendwelcher Art, die sich direkt oder indirekt aus der Anwendung der hier vorgestellten Informationen ergeben. Autor und Verlag rufen mit vorliegender Schrift nicht zu illegalen Handlungen auf, sondern verweisen auf die jeweiligen gesetzlichen Bestimmungen.

Yuma Greenwood

DAS PSYCHEDELISCHE KOCHBUCH

Inhaltsverzeichnis

Einleitung

Dieses Buch enthält keineswegs alle Informationen, die zum Thema »Extraktion von psychedelischen Substanzen« verfügbar sind. Allein die Beschreibung der Vorkenntnisse, die notwendig sind, um jede chemische Reaktion nachvollziehen zu können, könnte ganze Bücher füllen. Viel sinnvoller erscheint mir jedoch, ein Werk zu erschaffen, das selbst von Chemie-Neulingen ausnahmslos verstanden wird. Ein Buch, das ein nicht alltägliches Thema behandelt und trotzdem eine für jeden verständliche Sprache spricht. Auf diese Weise können alle Menschen, ganz gleich auf welchem Wissensstand sie sich befinden, zu einem wichtigen Bestandteil psychedelischer Forschung werden.

Zweifellos werden Psychedelika eine wichtige Rolle dabei spielen, der Menschheit zu einem neuen evolutionären Bewusstsein zu verhelfen, und jeder von uns hat die Möglichkeit, auf seine Art positiv zu dieser Entwicklung beizutragen. Die psychedelische Forschung beschränkt sich dabei nicht nur auf die äußeren Bereiche unseres Welterlebens, sondern setzt sich auch im besonderen Maße mit den inneren Bereichen unserer Psyche auseinander. Folglich ist das Bestreben, die äußere Umwelt zu erforschen, gleichzeitig der Versuch, ein umfassendes Verständnis von uns selbst zu erlangen. Jede neue Erkenntnis auf diesem Gebiet könnte somit unser Verständnis von uns selbst und unserer Beziehung zum Kosmos nachhaltig revolutionieren.

Der Grund, warum wir darauf brennen, mehr über uns zu erfahren, liegt nicht allein in der menschlichen Neugierde begründet. Es ist vielmehr eine natürliche Gegenreaktion auf die geistige und materielle Schieflage unserer Zeit. Auch wenn wir uns gerne als zivilisiert und fortschrittlich wahrnehmen, ist unsere Gesellschaft jedoch nie wirklich ihren Kinderschuhen entwachsen. Wir benehmen uns wie ein saugendes Riesenbaby auf Mutter Erde, konsumierend, gierig und egozentrisch. Diese bedrohliche Entwicklung hat ihren geistigen Ursprung in einer dualistischen Weltanschauung, in einer bewusstseinsmäßigen Aufspaltung des Welterlebens in Subjekt und Objekt. Schamanische Stämme Südamerikas haben sich aufgrund ihrer Erkenntnisse aus den psychedelischen Reisen nicht in diese Richtung entwickelt, für sie gibt es keine Unterscheidung zwischen der Umgebung und dem Selbst. Sie leben in völligem Gleichgewicht mit der Umgebung und sind praktisch eins mit ihr. Für sie ist jeder noch so kleine Bestandteil Teil eines großen harmonischen Kreislaufs, der mit allem in Wechselwirkung steht.

Wir brauchen nicht noch mehr Materialismus, Religion oder Sozialismus. Was wir brauchen, ist ein neues ganzheitliches Bewusstsein, das sich ausschließlich an den Gesetzen der Natur orientiert. Psychedelika scheinen übrigens wie geschaffen, um diese Entwicklung voranzutreiben. Konsumenten berichten häufig von einer lebensverändernden Erfahrung, welche als Ich-Auflösung, Wiedergeburt oder auch als Ego-Tod beschrieben wird. Im Schamanismus wird die Auflösung des Egos als das zentrale Element der Selbstfindung gesehen, denn nur dadurch ist es einem Menschen möglich, seine wahre und ursprüngliche Natur zu erkennen. Die Befreiung vom Ego bzw. vom Ich-Empfinden wird zwar als äußerst schmerzhafte Erfahrung beschrieben, sie zieht jedoch fundamentale Veränderungen in der Selbstwahrnehmung, aber auch in der Weltanschauung nach sich. Psychedelische Substanzen besitzen somit die unglaubliche Gabe, längst vergessene Erinnerungen an die eigene wahre Natur zurückzuholen und sind damit der Schlüssel zu einer kollektiven Transformation des menschlichen Bewusstseins. Sollte es uns nicht gelingen, ein neues, ganzheitliches Bewusstsein in der Welt zu installieren, so wird uns dieses Ungleichgewicht schlussendlich zum Verhängnis werden.

Wagen wir doch ein kleines Experiment und geben dem Menschen seine Verantwortung über Körper und Geist zurück. Nur auf diese Weise können wir geistig entwickelte Individuen hervorbringen, die verantwortungsbewusst mit sich selbst und mit ihrer Umwelt umgehen. Niemandem, weder dem Individuum noch der Gesellschaft, ist damit geholfen, dem Menschen den Zugang zu anderen Realitätsebenen zu verwehren.

Sollte Alexander Shulgin mit seiner Aussage »DMT is everywhere« recht behalten, dann befinden sich psychoaktive Moleküle wie DMT, 5-MeO-DMT oder Psilocybin, wenn auch nur in geringen Spuren, in allen beseelten Lebensformen unseres Planeten. Nun gilt es herauszufinden, welche besondere Aufgabe diesen Molekülen zuteil wird.

Erlauben sie uns den Zugang zu interdimensionalen Netzwerken, zu einer allumfassenden Datenbank an Informationen oder sind es lediglich die tiefliegenden Bereiche unseres Unterbewusstseins, die sich während einer psychedelischen Reise erschreckend real offenbaren?

Als neugieriger Mensch habe ich mir bereits häufiger die Frage gestellt, wie viele und welche psychoaktiven Moleküle wohl in den Pflanzen meiner alltäglichen Umgebung stecken. Gibt es womöglich unbekannte heimische DMT-Quellen, die nur darauf warten, von einem findigen Forscher entdeckt zu werden? Mit dem *Psychedelischen Kochbuch* wird es ein Leichtes sein, die

Pflanzen der alltäglichen Umgebung zu analysieren und psychoaktive Moleküle wie DMT, 5-MeO-DMT, 4-HO-DMT, β-Carboline oder Meskalin unter sicheren Bedingungen aus jeder entsprechend alkaloidhaltigen Pflanze zu extrahieren. Möchtest du die Mythen und Mysterien des Universums enthüllen und zum Wohl der Menschheit einsetzen, dann wird dieses Buch viele nützliche Werkzeuge liefern.

Ich möchte ausdrücklich erwähnen, dass nichts in diesem Buch illegales Verhalten fördern oder unterstützen soll. Jeder hat die existenzielle Freiheit, selbst zu entscheiden, was er mit dem Inhalt dieses Buches anfängt. Solltest du dir jedoch der Gefahren, die beim Umgang mit den in diesem Buch beschriebenen Substanzen auf dich lauern, nicht bewusst sein, so empfehle ich dringend, dieses Buch sofort wegzulegen. Psychedelika bieten zahlreiche Möglichkeiten des beschleunigten Lernens und der wissenschaftlichen Forschung, doch ein unverantwortlicher und leichtfertiger Umgang mit den nachfolgenden Informationen könnte dich im schlimmsten Fall deinen Verstand kosten oder irreparable körperliche Schäden verursachen. Lass uns nun gemeinsam damit beginnen, veraltete Ansichten über Bord zu werfen und diese Substanzen wieder als das zu betrachten, was sie wirklich sind: ein Teil von uns selbst!

Einteilung und Kategorisierung von psychoaktiven Pflanzen

Psychoaktive Pflanzen sind schon seit Urzeiten eng mit der Menschheit verbunden. Forscher sind sich inzwischen sicher, dass schon frühe Kulturen die besonderen Kräfte der Natur für rituelle Bräuche und medizinische Zwecke nutzten. Bis heute werden psychoaktive Pflanzen wegen ihrer anregenden, beruhigenden oder halluzinogenen Wirkung angewendet.

Das Bewusstsein kann durch psychoaktive Pflanzen und Produkte gelähmt, gedämpft, eingegrenzt werden; es kann aber auch angeregt, stimuliert und erweitert werden. Da die psychoaktiven Pflanzen den Geist bewegen, nennt man sie auch geistbewegende Substanzen (Rätsch 1998: 9).

Psychoaktive Substanzen werden wissenschaftlich wie folgt definiert:

Stimulanzien (Uppers)

Der Begriff Stimulans leitet sich von lateinisch *stimulare* (dt. anregen) ab. Umgangssprachlich werden Stimulanzien auch als »Aufputschmittel« oder »Uppers« bezeichnet. Sie sind psychoaktive Substanzen, die die Aktivität der Nerven erhöhen.

Eine erhöhte Aktivität der Nerven äußert sich in verzögerter Ermüdung, erhöhter Körpertemperatur, erhöhtem Herzschlag und Euphorie. Stimulanzien bewirken jedoch keine Wahrnehmungserweiterung.

Bekannte Vertreter sind Amphetamin, Methamphetamin, Ephedrin, MDMA (Ecstasy). Aber auch Koffein (Kaffee) und Nikotin (Tabak) sind bekannte Stimulanzien aus unserem Alltag.

Sedativa, Hypnotika, Narkotika (Downers)

Zu dieser Kategorie gehören betäubende, schlaffördernde oder beruhigende Substanzen, die Erregungszustände, wie z.B. Angst und Unruhe, dämpfen können. Weiterhin können sie eine Veränderung der Wahrnehmung bewirken.

Bekannte Vertreter aus der Medizin sind Opioide wie Morphin und Fentanyl, Benzodiazepine und Antidepressiva. Pflanzliche Wirkstoffe wie Baldrian, Kava-Kava und Hopfen gehören ebenfalls dazu.

Halluzinogene (Psychedelika)

Als Halluzinogene werden alle psychoaktiven Substanzen bezeichnet, die eine stark veränderte Wahrnehmung der gewohnten Realität verursachen können. Die Kategorie der Halluzinogene wird wiederum in drei Unterkategorien aufgeteilt. Diese Kategorie umfasst psychoaktive Vertreter der Psychedelika, Dissoziativa und Delirantia.

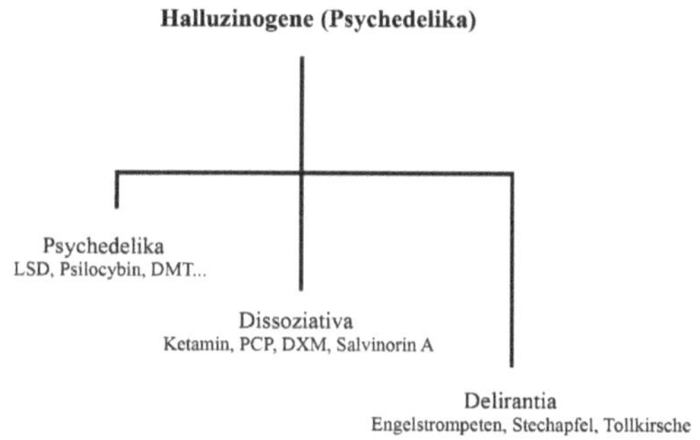

Psychedelika
Bekannte Vertreter sind LSD, Psilocybin (psilocybinhaltige Pilze), DMT (z.B. Ayahuasca), Meskalin (Peyote-Kaktus, San-Pedro-Kaktus), LSA (Hawaiianische Holzrose, Ololiuqui) sowie diverse halluzinogene Phenethylamine und Tryptamine.

Dissoziativa
Arylcyclohexylamine wie Ketamin, PCP oder Methoxetamin, DXM, Salvinorin A (Wahrsagersalbei) und Lachgas.

Delirantia
Scopolamin (Bilsenkraut, Engelstrompeten, Stechapfel, Tollkirsche), Muscimol (Fliegenpilz, Pantherpilz) und Diphenhydramin.

Dieses Buch befasst sich ausschließlich mit den Psychedelika, die im Laufe der Zeit unterschiedlich benannt wurden:

- Halluzinogene (Wahnideen und Täuschungen auslösend)
- Entheogene (göttliche Erfahrung hervorrufend)
- Eidetika (Ideen hervorbringend)
- Psychotogene (die Seele beeinflussend)
- Psychodysleptika (die Seele erweichend)
- Psychotomimetika (Psychosen imitierend)
- Phantastika (die Fantasie anregend)

In der psychedelischen Szene und in nicht medizinischen Kreisen wird der Begriff »Halluzinogen« häufig durch Psychedelikum, Entheogen oder visionäre Substanz ersetzt.

Entaktogene und Empathogene
Entaktogene (Wahrnehmungsverstärker eigener Emotionen) und Empathogene (Gefühl von Einheit erzeugende Stoffe) sind eine Untergruppe für sehr mild psychedelische Substanzen wie MDMA, MDMC usw.

Grundregeln einer Alkaloid-Extraktion

Für absolute Chemie-Neulinge könnten einige der folgenden Informationen vorerst schwer verständlich erscheinen. Das sollte sie jedoch nicht abschrecken, denn je mehr man sich diesem Thema widmet, desto klarer und verständlicher werden die einzelnen Vorgänge und Abläufe. Wie bei allem Neuen bedarf es einer gewissen Auseinandersetzung und ein wenig Erfahrung, um die folgenden Extraktionsanleitungen vollständig zu verinnerlichen.

Um die Prozesse und Prinzipien einer Alkaloid-Extraktion verständlich nachvollziehen zu können, wird empfohlen, die Reihenfolge der Kapitel mindestens bis zur S/B-Extraktion von *Psychotria viridis* einzuhalten.

Die für Pflanzenalkaloide am häufigsten verwendete Art der Extraktion ist die **Säure-/Base-Extraktion (S/B).** Wenn man das Prinzip dieser Extraktion erst einmal verstanden hat, wird man in der Lage sein, Alkaloide aus vielen verschiedenen Pflanzen mit Leichtigkeit zu extrahieren.

Eine andere Extraktionsmethode ist die **Straight-to-Base-Methode (StB).** Diese findet insbesondere bei der DMT-Extraktion aus der Wurzelrinde von *Mimosa hostilis* häufige Anwendung.

▶ Ganz allgemein wird bei der Extraktion ein Stoff aus einer Flüssigkeit oder aus Pflanzenteilen mit einem Lösungsmittel herausgelöst bzw. abgetrennt. Dafür macht man sich die unterschiedliche Löslichkeit der Stoffe zunutze. Ein ganz einfaches Beispiel ist Tee oder die Infusion. Indem man den Tee oder die Kräuter mit Wasser übergießt, lösen sich die Inhaltsstoffe im Wasser. Zurück bleiben die Pflanzenteile ohne Inhaltsstoffe.
Im Wasser lösen sich jedoch nur vorwiegend Salze oder andere polare Flüssigkeiten (z.B. Säuren). Für Stoffe, die nicht als Salz, sondern als Base vorliegen, muss daher ein anderes Lösungsmittel verwendet werden. Es besteht auch die Möglichkeit, die Base in ein Salz umzuwandeln, womit sie dann wieder in Wasser löslich wäre.

Das Prinzip einer Säure-/Base-Extraktion beruht auf 5 Grundregeln:

Regel 1 Alkaloide in ihrer Freebase-Form sind in unpolaren Lösungsmitteln (Benzin, Naphtha, Wundbenzin oder Benzol) und nicht in Wasser löslich.

Regel 2 Alkaloide in ihrer Salzform sind in Wasser und nicht in unpolaren Lösungsmitteln löslich.

Regel 3 Durch das Hinzufügen einer Base können Alkaloide in einer Lösung in ihre freie Basen-Form (Freebase) umgewandelt werden.

Regel 4 Alkaloide in einer Lösung können durch die Zugabe von Säure in ihre Salzform umgewandelt werden.

Regel 5 Unpolare Lösungsmittel und Wasser können gemischt werden, trennen sich aber immer wieder voneinander.

Was ist polar bzw. unpolar? So wie alles in unserem Universum besitzen auch Moleküle eine bestimmte Ladung. Stell dir zum besseren Verständnis einen Magneten vor. Beim Magneten stoßen sich gleiche Pole ab, während gegensätzliche Pole sich anziehen. In der Chemie wird jedoch gesagt: »Ähnliches löst sich in Ähnlichem«. Also unpolare Stoffe wie Fette oder Wachse werden von unpolaren Lösungsmitteln gelöst (angezogen), genauso wie polare Stoffe wie z.B. Salze von polaren Lösungsmitteln wie Wasser gelöst werden.

Hier ein kurzes Beispiel einer vereinfachten Säure-Base-Alkaloidextraktion, um das Ganze noch etwas verständlicher zu machen:

Am Anfang steht immer das Ausgangsmaterial. Das kann ein Kaktus, frisch gepflücktes Gras oder die DMT-haltige Wurzelrinde der *Mimosa tenuiflora (Mimosa hostilis)* sein.
Man könnte nun eine Base wie beispielsweise Natriumhydroxid oder Natriumcarbonat hinzufügen, um die Alkaloide (in diesem Fall DMT) in ihre Freebase-Form umzuwandeln **(Regel 1).**
Als Nächstes müsste man etwas unpolares Lösungsmittel hinzufügen, wie Naphtha oder Wundbenzin. Das Lösungsmittel und das Wasser können gemischt werden, trennen sich aber immer wieder voneinander **(Regel 5)**.
Während des Mischens lösen sich die Alkaloide der freien Base in dem Lösungsmittel auf und lassen das Wasser und Pflanzenmaterial zurück **(Regel 3)**.
Der Vorgang müsste einige Male wiederholt werden, da nicht alle Alkaloide direkt in das unpolare Lösungsmittel übergehen.

Dieser Prozess kann auch umgekehrt werden: In dem Glas auf der Abbildung befindet sich jetzt das Lösungsmittel, das die Alkaloide enthält. Darunter befindet sich das basische Wasser mit dem Pflanzenbrei (siehe Abbildung). Durch das Hinzufügen einer Säure, wie z.B. Essigsäure oder Zitronensäure, gelingt es, die Alkaloide in ihre Salzform umzuwandeln **(Regel 4)**. Wird das Gemisch ein weiteres Mal umgerührt, können wir feststellen, dass beide Phasen (Lösungsmittel und Wasser) sich erneut voneinander trennen **(Regel 5)**. Da die Alkaloide sich nun in ihrer Salzform befinden und somit im Wasser löslich sind, fallen sie beim Vermischen aus dem Lösungsmittel und gehen wieder in das Wasser über **(Regel 4)**. Dieser Vorgang müsste wieder mehrmals wiederholt werden, um alle Alkaloide herauszulösen.

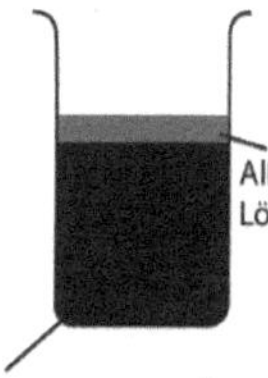

Bitte lies dir diese kurze Erklärung ein paar Mal durch, um ein grundlegendes Verständnis für die Prinzipien einer Säure-/Base-Alkaloidextraktion zu entwickeln.

Sicherheitshinweise für das Arbeiten mit giftigen Chemikalien

Das Arbeiten mit Chemikalien stellt während des Extraktionsprozesses eine nicht zu unterschätzende Gefahr für die Gesundheit dar. **Deswegen ist es unerlässlich, dass bestimmte Sicherheitsbestimmungen dringend eingehalten werden, um Gefahrenquellen effektiv zu minimieren.** Insbesondere unerfahrene Chemiker sollten dieses Kapitel aufmerksam lesen.

Beim Arbeiten mit Säure, Lauge oder Lösungsmitteln ist Schutzkleidung Pflicht! Dazu gehören: Atemschutzmaske, Schutzbrille und chemikalienresistente Handschuhe.

Geeignete **Schutzausrüstung** findet man im Malerfachhandel, im Internet und auch teilweise in Baumärkten. Die Dämpfe, die bei der Lackierung von Fahrzeugteilen entstehen, sind mindestens genauso giftig wie die Dämpfe bei einer Meskalin-Extraktion. Daher ist eine Lackierer-Atemschutzmaske mit Filter für organische Dämpfe völlig ausreichend.

Noch wichtiger als die Atemschutzmaske ist die **Schutzbrille.** Es kann schnell passieren, dass beim Umrühren ein kleiner Tropfen der ätzenden Flüssigkeit durch die Luft fliegt und mit ganz viel Pech in deinem Auge landet.

Um die Schutzausrüstung zu komplettieren, fehlen jetzt nur noch die **Chemikalienschutzhandschuhe.** Diese kosten nicht mehr als 3 Euro und sind im Netz oder im Baumarkt erhältlich.

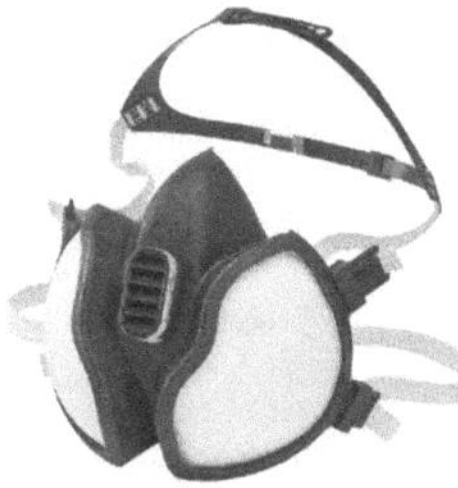

Atemschutzmaske

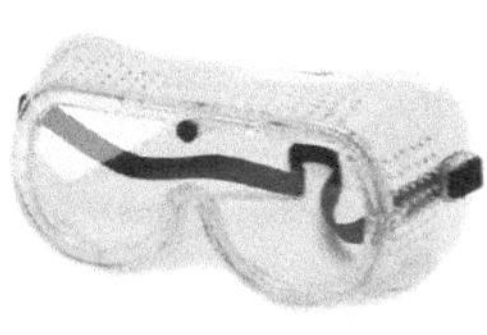

Schutzbrille

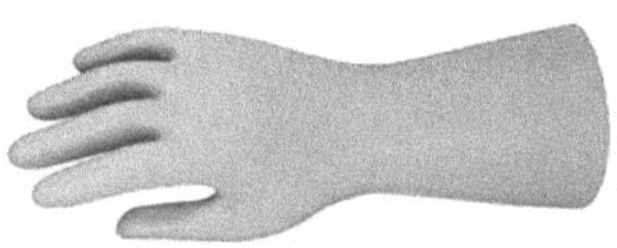

Chemikalienschutzhandschuhe

Die meisten Lösungsmittel sind leicht entflammbar, daher sollte man niemals in der Nähe einer offenen Flamme mit ihnen arbeiten. Darüber hinaus sollten alle elektrischen Geräte, die einen Funken erzeugen könnten, wie z.B. Öfen, Herdplatten oder Feuerzeuge, ausgeschaltet werden. Auftretende

Stichflammen oder Verpuffungen können zu schweren Brandverletzungen führen. Das Einatmen der Lösungsmitteldämpfe erzeugt Kopfschmerzen, daher ist es ratsam, mindestens einen Mundschutz zu tragen.

Sicherheitshinweise für das Arbeiten mit einer Lauge

- Die Lauge darf nicht auf die Haut oder in die Augen gelangen, es könnten schwere Verätzungen entstehen. Natronlauge beispielsweise verätzt die Hornhaut der Augen besonders schnell. Trage deshalb immer eine Schutzbrille!
- Sowohl konzentrierte Laugen als auch Säuren erwärmen sich stark bei Zugabe von Wasser. Daher sollte man immer versuchen, die Stoffe in viel Wasser zu geben, um ein schnelles Erhitzen zu vermeiden. Die Grundregel lautet: »Füge Lauge zum Wasser hinzu, aber gib niemals Wasser in die Lauge!«
- Gelangt ätzender Stoff in Kontakt mit der Haut, wird als Erste Hilfe mit viel Wasser gespült/gekühlt.
- Lauge-/Wasser-Mischungen werden so lange verrührt, bis sich alles vollständig aufgelöst hat. Klumpen am Boden können an einer Stelle viel Wärme erzeugen und das Glas oder den Kunststoff zum Schmelzen bringen.
- Nach dem Arbeiten mit einer Lauge immer die Hände waschen, bevor man etwas anderes anfasst.

Extraktionen dürfen auf keinen Fall durchgeführt werden, wenn sich Kinder oder Tiere in der Nähe befinden. Bei der Extraktion immer konzentriert bleiben! Fehler können schmerzhaft bestraft werden.

Werden alle Sicherheitshinweise sorgsam beachtet, ist der Grundstein für eine erfolgreiche Extraktion gelegt.

Chemikalien im Überblick

Dieses Kapitel gibt eine Übersicht über alle Chemikalien und Utensilien, die für die enthaltenden Extraktionen von Bedeutung sind.

Damit es nicht zu Verwechslungen kommt, findest du bei jeder Extraktionsanleitung noch einmal vorab eine genaue Liste mit den passenden Artikeln.

An dieser Stelle möchte ich noch einmal darauf hinweisen, dass die Extraktion von Substanzen, die im BtMG aufgeführt sind, eine strafbare Handlung darstellen.

Unpolare Lösungsmittel

Für jede Extraktion wird auch ein dementsprechendes Lösungsmittel benötigt. Nicht jedes Lösungsmittel eignet sich auch für jede Extraktion. Gerade bei selektiven Extraktionen werden die unterschiedlichen Eigenschaften der Lösungsmittel miteinbezogen.

Xylol (oder Xylene)

Xylol und Toluol sind für die Extraktion sehr empfehlenswert, jedoch sind sie hochtoxisch und haben zudem einen sehr starken Geruch. Diese Lösungsmittel sind leicht brennbar, von daher sollte auf keinen Fall bei offener Flamme gearbeitet werden. Nicht brennbare Lösungsmittel sind z.B. Chloroform oder Methylenchlorid, also gerade für unerfahrene Chemiker eine sichere Variante.

In den meisten Baumärkten kann man Xylol oder Toluol als Farbverdünner finden. Man wird jedoch etwas suchen müssen, bevor man reines Xylol oder Toluol ohne weitere Zusätze findet. Damit am Ende der Extraktion keine Rückstände von anderen Zusatzstoffen übrigbleiben, sollte man darauf achten, Xylole oder Toluol in Laborqualität zu verwenden. Besonders zu empfehlen ist daher die Bestellung bei einem Labor- und Feinchemikalienhändler. Dort findet man reine Produkte zu sehr günstigen Preisen (siehe: shop.es-drei.de).

D-Limonen

D-Limonen ist ein nicht giftiges Lösungsmittel, das aus Schalen von Zitrusfrüchten hergestellt wird. Es ist sogar als Nahrungsergänzungsmittel erhältlich und wird zur Vorbeugung gegen bestimmte Krebsarten eingesetzt. D-Limonen steht jedoch im Verdacht, bei häufiger Anwendung Allergien auszulösen. Als natürliches Lösungsmittel ist es jedoch gut geeignet, aber auch wesentlich teurer als Xylol oder Toluol und ebenso leicht entflammbar.

Naptha und Wundbenzin

Für die meisten DMT-Extraktionen reicht einfaches Naphtha (Feuerzeugbenzin) oder Wundbenzin (Petrolether) als Lösungsmittel.

Wundbenzin ist ein gereinigtes Gemisch, das aus Erdöl gewonnen wird, und liegt als klare, farblose und flüchtige Flüssigkeit vor. Traditionell wird Wundbenzin zur Entfettung der Haut oder zur Entfernung von Pflasterrückständen verwendet. Es kann auch als Reinigungsmittel eingesetzt werden.

Wundbenzin findet man in so gut wie jedem Drogerie- oder Baumarkt. 1 Liter Wundbenzin in guter Qualität kostet ca. 4 Euro und reicht bei den meisten Pflanzen (außer *Phalaris*) für mehrere DMT-Extraktionen (ohne Entfettungsschritt).

Methylenchlorid

Methylenchlorid, CH_2Cl_2, (Dichlormethan, DCM) ist eine farblose, nur schwer brennbare Flüssigkeit mit einem süßlichen Geruch, ähnlich dem Chloroform.

Reinigungslösungsmittel

Aceton, aber auch das bereits vorher genannte Wundbenzin und Naptha können verwendet werden, um letzte Verunreinigungen in dem gewonnenen Extrakt zu entfernen. Wenn diese Mittel jedoch selbst Verunreinigungen aufweisen, werden sie auch im Endprodukt zu finden sein. Aus diesem Grund sollten Lösungsmittel nur in Laborqualität verwendet werden.

Aceton

Aceton in guter Qualität ist im Baumarkt, im Chemiefachhandel, im Internet und sogar als Nagellackentferner im Drogeriemarkt erhältlich.

Man sollte immer im Hinterkopf behalten, dass auch diese Lösungsmittel hochgiftig und leicht entflammbar sind und man zu jeder Zeit die Sicherheitsbestimmungen kennen und einhalten sollte.

Säuren

Schwefelsäure oder Salzsäure sind wunderbar für die Meskalin-Extraktion geeignet. **Schwefelsäure** wird als Batteriesäure verkauft und hat in dieser Produktform einen hohen Reinheitsgehalt. Salzsäure wird aus konzentrierter Schwefelsäure hergestellt und häufig bei der Pool-Reinigung verwendet. **Salzsäure** lässt sich sehr einfach im Internet oder im Chemiefachhandel bestellen. In manchen Fällen findet man sie auch als Pool-Reiniger in verschiedenen Baumärkten oder Pool-Fachgeschäften.

Essigsäure/Zitronensäure

Für bestimmte DMT-Extraktionen kann Essig- oder Zitronensäure verwendet werden. Hierfür eignet sich besonders destillierter Essig mit 5 % Säure. Essig und Zitronensäure sind in diversen Lebensmittelgeschäften zu finden.

Salzsäure

Bei der Auswahl der Salzsäure ist darauf zu achten, dass sie eine klare Farbe aufweist. Eine grüne Färbung deutet auf eine alte Säure hin. In den meisten Fällen sind wenige Tropfen der Salzsäure bereits völlig ausreichend, weshalb bei der Beschaffung auf geringe Mengen zurückgeriffen werden kann.

Fumarsäure

Fumarsäure wird benötigt, um DMT in eine stabile Salzform umzuwandeln. Kleinste Mengen Fumarsäure in Laborqualität sind völlig ausreichend.

Obwohl Fumarsäure seit fast zwei Jahrhunderten bekannt ist, wird sie erst seit Kurzem bei chronischen Hauterkrankungen wie Schuppenflechte (Psoriasis) sowie bei Multipler Sklerose (MS) eingesetzt. Fumarsäure ist ein natürlicher Bestandteil einiger Pflanzen, wie z.B. des gemeinen Erdrauchs *(Fumaria officinalis)*.

Laugen

Nicht nur für die Meskalin-Extraktion, sondern auch für die Extraktion von DMT kann **Natriumhydroxid** verwendet werden, bei DMT jedoch in wesentlich geringeren Mengen.

1 kg Natriumhydroxid findet man sehr günstig im Internet.

Eine andere Möglichkeit wäre auch **Natriumcarbonat (Soda).** Sollte man **Natriumhydroxid (Ätznatron)** oder Natriumcarbonat aus anderen Quellen beziehen, ist immer zu beachten, dass sich keine weiteren Zusätze wie Aluminium oder diverse Duftstoffe darin befinden.

Reine Lauge ist weiß und als Pulver oder Flocken erhältlich.

Destilliertes Wasser

Destilliertes Wasser ist Wasser (H_2O) ohne die im normalen Quellwasser oder Leitungswasser vorkommenden Ionen, Spurenelemente und Verunreinigungen. Ferner ist es frei von Salzen, organischen Stoffen und Mikroorganismen. In der Chemie wird es daher gerne als Lösungsmittel und manchmal als Reinigungsmittel verwendet. Ein 5-Liter-Kanister kostet durchschnittlich 1,50 Euro und ist in den meisten Supermärkten und Baumärkten zu finden.

Bittersalz (Magnesiumsulfat)

Bittersalz findet man in Apotheken und natürlich auch im Internet. Es wird zu medizinischen Zwecken und auch als Düngemittel im Garten verwendet.

Beurteilung der Reinheit von Lösungsmitteln

Lösungsmittel sind Bestandteil einer jeden Extraktion. Es ist daher wichtig, die Reinheit eines Lösungsmittels beurteilen zu können, um das bestmögliche Endresultat zu erzielen.

ine Möglichkeit, die Qualität von Lösungsmitteln zu beurteilen, ist ein Probedurchgang des ganzen Extraktionsvorgangs ohne Pflanzenmaterial. Das Lösungsmittel wird vollständig in einer Schüssel mit polierter Oberfläche, vorzugsweise aus Metall, verdampft. Auf diese Weise lässt sich ein eventueller Rückstand leichter erkennen.

Für die DMT-Extraktion reichen einfache Mittel aus unserem Haushalt. Als Säure dient Essig (5%ig) oder Zitronensäure, als Base Natriumkarbonat (Waschsoda) und als Lösungsmittel D-Limonen.

pH-Wert

Bei einer Extraktion werden Säuren und Basen verwendet, um den pH-Wert der Lösung zu verändern. Daher ist es hilfreich zu verstehen, was der pH-Wert ist und wie er funktioniert.

Der **pH-Wert** gibt an, wie sauer bzw. basisch eine Lösung ist. Wie auch bei den polaren bzw. unpolaren Lösungsmitteln geht es beim pH-Wert ebenfalls um die molekulare Ladung der Teilchen. Je weniger positiv geladene Teilchen in einer Lösung vorhanden sind, desto größer ist der pH-Wert (bzw. desto stärker ist die Base). Ist die Konzentration der positiven Teilchen hoch, ist der pH-Wert niedrig (Säure).

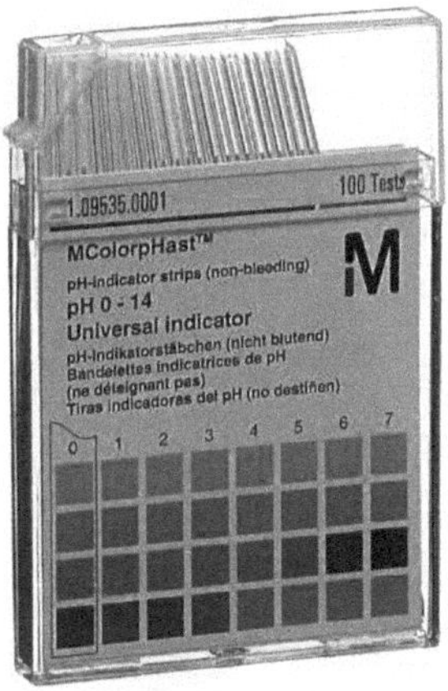

Die pH-Wert-Skala reicht von 1 bis 14.

Ein pH-Wert von 1 bedeutet, dass die Säure so sauer ist, wie sie nur sein kann (z.B. reine Salzsäure). Ein pH-Wert von 7 bedeutet neutral. Und ein pH-Wert von 14 ist das Maximum für eine Base (z.B. reine Natronlauge).

Zur Bestimmung des pH-Werts können pH-Meter oder Teststreifen verwendet werden. Kommt der Teststreifen mit einer Lösung in Kontakt, verändert er seine Farbe. Mit einer Farbtabelle kann das Ergebnis daraufhin ausgewertet werden. PH-Teststreifen sind die günstigste und unkomplizierteste Art, den pH-Wert zu messen.

Hinweis: Säuren und Basen verhalten sich unterschiedlich.
Fügt man einer Lösung die ersten Tropfen Salzsäure hinzu, sinkt der pH-Wert zunächst nur langsam. Doch nach jedem weiteren Tropfen geschieht das immer schneller, trotz gleichbleibender Einheiten. Das bedeutet, dass man nach jeder Hinzugabe von Säure den pH-Wert kontrollieren sollte. Bei einer Base funktioniert das interessanterweise genau andersherum. Erst steigt der pH-Wert schnell an, dann aber weniger schnell. Diese Information sollte man bei Extraktionsverfahren im Hinterkopf behalten.

Die Skala

Um einen schnellen Überblick über die benötigte Zeit und den Schwierigkeitsgrad einer jeden Extraktion zu bekommen, habe ich versucht, eine übersichtliche Skala zu entwickeln. Weil diese Skala auf eigenen Erfahrungswerten basiert, kann sie nur einen ungefähren Richtwert und keine genauen Zeitangaben vermitteln.

Die erste Skala bestimmt die benötigte Zeit von Beginn der Extraktion bis zum fertigen Endprodukt. Dies beinhaltet auch die Phase, in der nicht aktiv gearbeitet wird und auf bestimmte chemische Vorgänge/Reaktionen gewartet wird (z.B. während der Verdampfung des Lösungsmittels). Der Wert der Skala kann zwischen »geringem Zeitaufwand« und »hohem Zeitaufwand« variieren. Zeigt die Skala den höchsten Wert, ist der Bereich vollständig ausgegraut. In wenigen Fällen wird für die Herstellung einer Substanz die Herstellung einer weiteren Substanz benötigt. Beispielsweise wird für die Herstellung von DMT-Fumarat trockenes Aceton benötigt. In diesem Fall wird der zeitliche Aufwand von beiden Anleitungen addiert.

Die zweite Skala bestimmt den Schwierigkeitsgrad der jeweiligen Extraktion. Da es hier besonders darauf ankommt, ob der Anwender bereits Erfahrungen im Bereich der Alkaloid-Extraktion sammeln konnte, wurde der Richtwert auf Personen mit wenig bis gar keiner Erfahrung zugeschnitten. Der Wert der Skala reicht von »leicht« bis »schwer«.

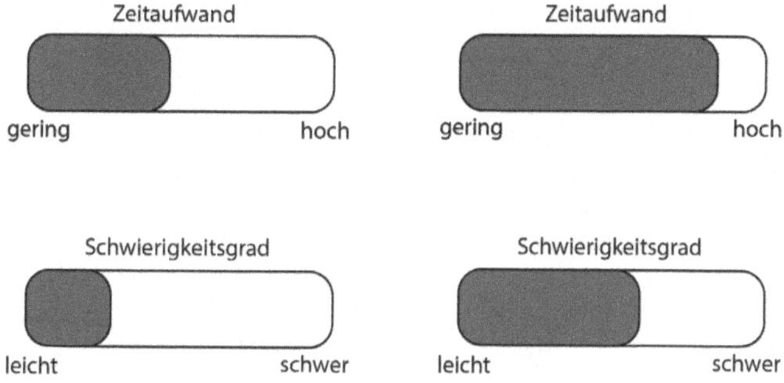

Alkaloide – Wunderstoffe der Natur

Das Wort **Alkaloid** leitet sich aus dem Arabischen *al qualja* für »Pflanzenasche« und der Endung *-oides* aus dem Griechischen für »ähnlich« ab. [1]

Der Begriff Alkaloid wurde erstmals durch den Apotheker Carl Wilhelm Friedrich Meissner für sogenannte alkaliähnliche Pflanzenstoffe verwendet. Doch erst 1890 wurden unbekannte pflanzliche Verbindungen, die in irgendeiner Weise im menschlichen Organismus wirken, unter dem Begriff Alkaloide zusammengefasst. Das Verständnis über Alkaloide hat sich bis heute jedoch wesentlich verändert.

Mittlerweile sind von Menschen, Tieren, Pilzen und Mikroorganismen stammende Alkaloide gut erforscht. Mehr als 10 000 Naturstoffe werden gegenwärtig zur Stoffgruppe der Alkaloide gezählt. Der überwiegende Teil stammt aus Pflanzen und nur ein kleiner Teil aus Tieren. Auch die chemische Struktur dieser Stoffe konnte entschlüsselt werden. Es zeigte sich, dass Alkaloide stets **Stickstoff** enthalten und als Derivate aus verschiedenen Aminosäuren, am Ende des pflanzlichen Sekundärstoffwechsels, entstehen. Die Annahme, dass alle Alkaloide alkalisch sind, stellte sich als falsch heraus.

Aufgrund der uneinheitlichen Eigenschaften der Alkaloide existiert bis heute keine feste Definition. Wir können jedoch festhalten, dass Alkaloide stickstoffhaltige organische Verbindungen natürlichen Ursprungs mit mehr oder weniger ausgeprägtem basischen Charakter sind. [2]

Alkaloidhaltige Pflanzenextrakte sind wahre Wunderstoffe der Natur. Ihre Wirkung richtet sich auf bestimmte Zentren unseres Nervensystems.

Betrachten wir die chemische Struktur von DMT, Psilocin und LSD, so können wir feststellen, dass sie unserem körpereigenen Neurotransmittern Serotonin und Melatonin verblüffend ähnlich sind.

▶ Aufgrund ihrer strukturellen Ähnlichkeit binden die DMT-Moleküle an die Serotoninrezeptoren in unserem Gehirn und vermitteln so den Nervenzellen andere Impulse. Alkaloide können also psychologische und physikalische Prozesse wie Herz-Kreislauf, Hormon- und Temperaturregulation sowie Schlaf, Ernährung, Stimmung, Wahrnehmung, Denkprozesse und motorische Kontrolle von Alkaloiden verändern.
Besonders interessant ist, dass bestimmte Alkaloide auch nur eine ganz spezielle Auswahl an Serotoninrezeptoren aktivieren oder auch deaktivieren. LSD aktiviert insbesondere die 5-HT1A-, 5-HT2A- und 5-HT2C-Rezeptoren. Psilocybin hingegen aktiviert die 5-HT2A- und 5-HT2C-Rezeptoren.

Wenn wir uns vorstellen, dass jeder Rezeptor einen bestimmten Bereich unseres Körpers reguliert, verstehen wir auch, warum verschiedene Stoffe unterschiedliche Wirkungen auf uns haben. Damit diese exogenen, also von außen zugeführten Substanzen überhaupt erst wirken können, benötigen sie einen entsprechenden Rezeptor. Der ist in den meisten Fällen jedoch nur vorhanden, wenn eine körpereigene Substanz vorliegt, die in ihrer Struktur nahezu identisch ist. Nehmen wir als Beispiel LSD. Da unser Körper kein LSD produziert, es jedoch eine ähnliche Struktur aufweist wie unser endogenes (körpereigenes) Serotonin, kann es ebenfalls an vielen der Serotoninrezeptoren andocken und seine Wirkung entfalten.

Alkaloide Pflanzenextrakte zählen zu den ältesten Drogen der Menschheit. Einige Alkaloide können bei zu hoher Dosierung starke Gifte sein, wie z.B. Strychnin, Coniin und Nikotin. Andere können, entsprechend dosiert, eine positive Wirkung auf die Gesundheit haben, wie z.B. Morphin, Chinin, Atropin. Andere hingegen werden als bewusstseinserweiternde Substanzen verwendet. Hierzu gehören z.B. Lysergsäurediethylamid (LSD), Psilocin, DMT, 5-MeO-DMT, Meskalin, aber auch β-Carboline wie Harmin und Harmalin. Manche wiederum entfalten eine anregende bzw. aufputschende Wirkung und sind Bestandteil von typischen Lebens- und Genussmitteln, wie Koffein (Kaffee), Theobromin (Kakao) und Nikotin (Tabak).

Wie bereits angedeutet, ist die Einnahme von Alkaloiden keineswegs unbedenklich. Viele Alkaloide können beim Menschen starke Abhängigkeiten auslösen, wie z.B. Nikotin, Morphin und Kokain.

▶ Alkaloide wurden im Menschen, in Tieren und Mikroorganismen gefunden. Jedoch ist das Vorkommen bei Tieren eher die Ausnahme. Die amerikanische Krötenart *Incilius alvarius* (Syn. *Bufo alvarius*) ist hier als exemplarisches Beispiel zu nennen. Über ihre Hautdrüsen sondert sie das psychedelische Alkaloid 5-MeO-DMT ab.

Alkaloide kommen in 10–15% aller Pflanzen vor.

Die größte Anzahl der Alkaloide stammt aus zweikeimblättrigen Pflanzen, zum Beispiel:

- Mohngewächsen (Papaveraceae)
- Nachtschattengewächsen (Solanaceae)
- Hahnenfußgewächsen (Ranunculaceae)
- Sauerdorngewächsen (Berberidaceae)
- Erdrauchgewächsen (Fumariaceae)
- Hundsgiftgewächsen (Apocynaceae)
- Doldenblütlern (Apiaceae)
- Hülsenfrüchtlern (Fabaceae)

Alkaloide können in allen Pflanzenteilen vorkommen, in gewissen Teilen jedoch gehäuft (z.B. in Samen, Rinden, Wurzeln, Blättern, Früchten), während gleichzeitig die übrigen Teile alkaloidfrei sein können.

▶ Ein gutes Beispiel ist die Kartoffel, deren Knolle völlig alkaloidfrei ist, wohingegen die oberirdischen Pflanzenteile Solanin enthalten und deshalb giftig sind. Solanin findet sich auch bei unreifen (grünen) Tomaten. Werden die grünen Bestandteile gegessen, können Kopfschmerzen, Atemnot oder Magen-Darm-Beschwerden auftreten. Daher ist es wichtig, dass solches Gemüse nur im reifen Zustand verarbeitet wird.

Über die Funktion der Alkaloide wird bis heute spekuliert, vor allem, weil Alkaloide nicht lebensnotwendig sind. Pflanzen können auch alkaloidfrei gezüchtet werden, ohne irgendwelche vordergründigen Eigenschaften einzubüßen. Je nach Art scheinen Alkaloide jedoch als **Schutz gegen Fressfeinde** oder als betäubende Gifte zum Einsatz zu kommen.

▶ Manche Pflanzen haben eine ausgeklügelte Abwehrstrategie gegen Fressfeinde entwickelt. Sie nutzen zuckerähnliche Alkaloide, um die Zuckerrezeptoren im Mund von Insekten zu blockieren. Dadurch verändert sich die Zuckerwahrnehmung, was die Insekten veranlasst, bei ihrer Nahrungssuche eine andere Pflanze aufzusuchen.
Die fleischfressende Pflanze *Sarracenia flava* nutzt das Alkaloid Coniin, um die Insekten, die sie fängt, leicht zu betäuben. Das für den Menschen ebenso hochgiftige Coniin ist also ein wichtiger Teil ihrer Jagd- und Überlebensstrategie.

Doch mit dieser Theorie lassen sich längst nicht alle Fragen schlüssig beantworten. Warum zum Beispiel finden sich bestimmte Alkaloide bei uns Menschen? Oder warum enthalten manche Pilze die nahezu ungiftigen Tryptaminderivate Psilocybin (4-Phosphoryloxy-*N*,*N*-dimethyltryptamin) und Psilocin (4-Hydroxy-*N*,*N*-dimethyltryptamin)?

Genauso wie DMT und die Pilzwirkstoffe gehören auch Serotonin und Melatonin zu der Stoffgruppe der Tryptamine.

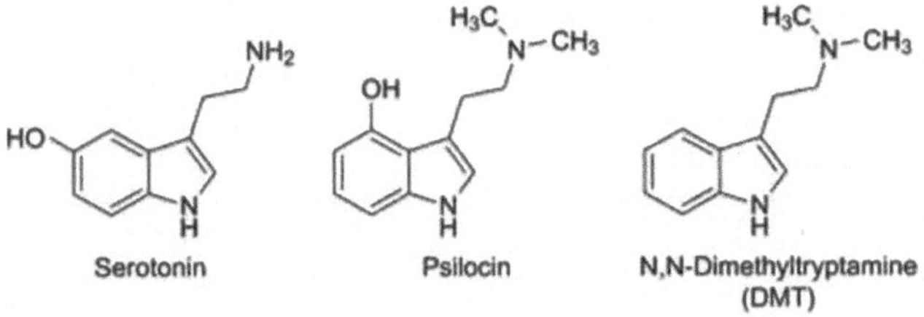

Bekannte Vertreter der Tryptamine

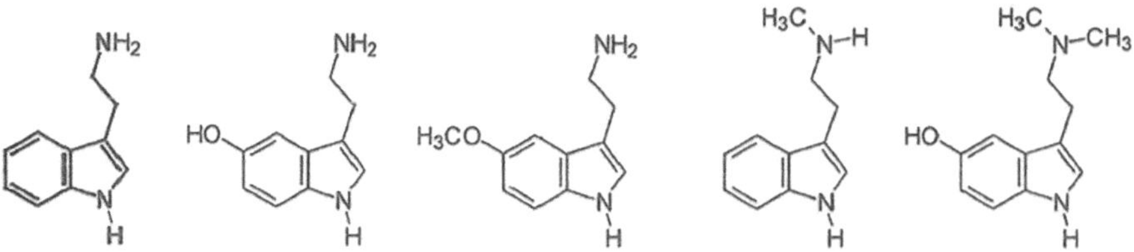

Tryptamin | 5-Hydroxytryptamin (Serotonin) | 5-Methoxytryptamin | *N*-Methyltryptamin (MMT) | Bufotenin (5-Hydroxy-DMT)

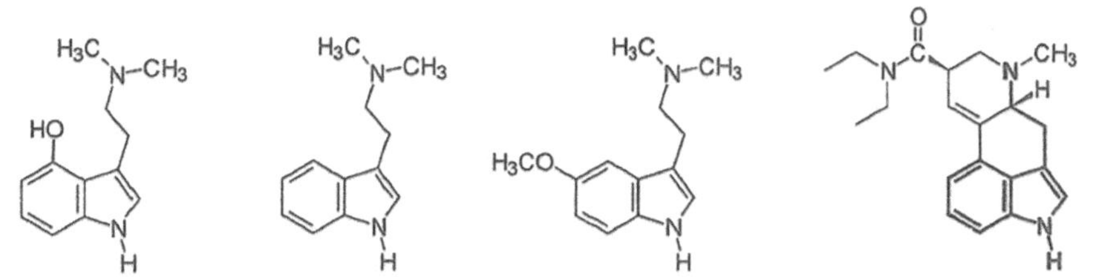

Psilocin (4-Hydroxy-DMT) | *N,N*-Dimethyltryptamin (DMT) | 5-Methoxy-DMT | Lysergsäure-*N,N*-diethylamid (LSD)

Bekannte Vertreter der Tryptamine

Unterteilung

Die Einteilung der Alkaloide erfolgt nach unterschiedlichen Kriterien. Mögliche Kriterien können Biogenese, Herkunft, Verwendung oder physiologische Wirkung sein.

Die am häufigsten verwendete Einteilung der Alkaloide ist die Kategorisierung entsprechend ihrer chemischen Struktur. Namensgebend ist der Teil des Moleküls, der einen Stickstoff enthält.

Alkaloide mit heterozyklischem Stickstoff

Pyrrolidin-Alkaloide: z.B. Hygrin
Pyrrolizidin-Alkaloide: z.B. Senezionin
Steroid-Alkaloide: z.B. Solanin
Pyrridin-Alkaloide: z.B. Nikotin, Anabasin
Piperidin-Alkaloide: z.B. Piperin
Chinolin-Alkaloide: z.B. Chinin, Chinidin
Purin-Alkaloide: z.B. Koffein, Theophyllin, Theobromin [1]

Tropanalkaloide

Die Gruppe der Tropanalkaloide umfasst mehr als 200 Verbindungen. Sie kommen als Inhaltsstoffe zahlreicher Nachtschattengewächse (Solanaceae) und einiger *Erythroxylum*-Arten vor (Breitmaier 2002: 37).

Tropanalkaloide werden von Pflanzen gebildet, um sich vor Fressfeinden zu schützen. Sie sind daher auch für den Menschen giftig. Die bekannteste Verbindung ist Kokain. Es ist das Hauptalkaloid des Kokastrauchs *Erythroxylum coca* (enthält bis zu 2,5% Alkaloide).

Bekannte Vertreter: Hyoscyamin, Scopolamin, Kokain

Isochinolinalkaloide

Isochinolinalkaloide sind im Pflanzenreich weit verbreitet. Gegenwärtig sind über 2500 Isochinolinalkaloide bekannt. Im Rahmen der Biosynthese werden sie aus den Aminosäuren Phenylalanin und Tyrosin gebildet.

Isochinolinalkaloide finden sich hauptsächlich in den Pflanzenfamilien Papaveraceae (Mohngewächse), Berberidaceae (Berberitzen), Menispermaceae (Halbmondsamengewächse) und Liliaceae (Liliengewächse) (Breitmaier 2002: 58).

Bekannte Vertreter: Morphin, Codein, Papaverin, Berberin, Tubocurarin, Meskalin usw.

Indolalkaloide

Mit etwa 2000 Vertretern bilden die Indolalkaloide die größte Alkaloidgruppe. Alle enthalten den Indolring oder das Tryptamin als Teilstruktur und stammen biogenetisch fast alle von der Aminosäure Tryptophan ab (Breitmaier 2002: 46).

Die meisten Indolalkaloide haben hervorragende pharmakologische Eigenschaften und werden als Medikamente angewendet. Andere hingegen sind starke Entheogene.

Bekannteste Vertreter: N,N-DMT, 5-MeO-DMT, Bufotenin, Psilocybin, β-Carboline, Ajmalin, Ergotamin, Yohimbin, Reserpin, Strychnin.

Nachweis von Alkaloiden – phytochemische Analyse von Pflanzen

Sich DMT-haltige Pflanzen wie *Mimosa tenuiflora* über das Internet zu bestellen, führt aufgrund der weltweit steigenden Nachfrage auf Dauer zu gravierenden ökologischen Problemen. *Banisteriopsis caapi* (Ayahuasca-Liane) ist bereits in Teilen Perus vom Aussterben bedroht. Eine Möglichkeit, dem entgegenzuwirken, wäre, Harmala-haltige bzw. DMT-haltige Pflanzen in unserer unmittelbaren Umgebung ausfindig zu machen und diese hinreichend zu erforschen. Die Arbeit in dieser Richtung ist von daher überaus bedeutungsvoll und trägt zu einem globalen Umweltbewusstsein bei.

Allen, die sich in dieser Richtung engagieren möchten, will ich ein essenzielles Werkzeug mit auf den Weg geben. Damit es ihnen in Zukunft gelingt, ohne Extraktion zuverlässig bestimmen zu können, welche Substanzen sich in einer Pflanze befinden und in welcher Konzentration diese Substanzen vorliegen, möchte ich die **Dünnschichtchromatografie (DC; engl. TLC, Thin Layer Chromatography)** vorstellen.

Besonders vorteilhaft bei dieser chromatografischen Methode ist der geringe Aufwand, die Schnelligkeit und der geringe Substanzbedarf. Man sollte sich also nicht von ihrem Namen abschrecken lassen, denn eigentlich beruht die Dünnschichtchromatografie auf einem sehr simplen und leicht umsetzbaren Prinzip, das ohne Weiteres zu Hause angewendet werden kann.

Grundprinzip der chromatografischen Trennung

Das Grundprinzip der Chromatografie kann wie folgt zusammengefasst werden: Bei der DC wandert ein Lösungsmittel (Laufmittel) durch Kapillarkräfte an einem porösem Trägermaterial (z.B. Kieselgel) aufwärts. Je höher das Laufmittel an dem Trägermaterial heraufsteigt, desto langsamer wird es, da die Schwerkraft den Kapillarkräften entgegenwirkt.

Sind in dem Lösungsmittel unterschiedliche organische Substanzen enthalten, wie z.B. verschiedene Alkaloide, so gibt es Absorptionswechselwirkungen der einzelnen Substanzen mit dem Trägermaterial. Eine starke Wechselwirkung reduziert dann die Geschwindigkeit der einzelnen Substanzen in Bezug zum Lösungsmittel (Laufmittel).

Die Analyse beruht bei der Dünnschichtchromatografie also auf Transportprozessen in einer Flüssigkeit, die durch ein Trägermaterial strömen. Dabei zeigen unterschiedliche Substanzen unterschiedliches Wanderungsverhalten, wodurch es zu einer Auftrennung der Substanzen kommt. Dies hat zur

Folge, dass sich die verschiedenen Substanzen auf dem Trägermaterial farblich unterscheiden. Auf diese Weise können unterschiedliche Substanzen einfach identifiziert werden.

Zum bildlichen Verständnis hier eine anschauliche Anleitung:

Herstellung einer Lösung

Als Erstes nimmt man eine geringe Menge (etwa 1 g) einer beliebigen Pflanze (*Mimosa-hostilis*-Wurzelrinde, San Pedro, Phalaris etc.) und zermahlt sie in einer geeigneten Schale zu Pulver. Das zermahlene Pulver wird in ein Glas gegeben. Dann fügt man, je nach Pflanzenmenge, etwa 10–20 ml Aceton hinzu und mischt alles gut durch. Danach nimmt man die Lösung und filtriert sie mithilfe eines Kaffeefilters.

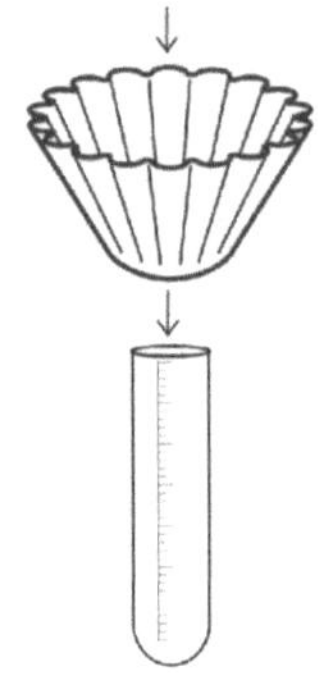

Herstellung eines Laufmittels

Man stellt 10 ml eines Laufmittels aus Benzin, Petrolether und Aceton im Verhältnis 10:2,5:2 her. Alternativ kann man auch ein Gemisch aus Benzin und Propanol-2 im Verhältnis 10:1 anmischen. Als Laufmittel eignet sich auch Toluol (10 ml).

Als Laufmittel werden in der Regel unpolare Lösungsmittel mit mäßig polaren Lösungsmitteln genutzt, wie z.B. Petrolether und Essigsäureethylester. [3] Bei einem wenig polaren Laufmittel werden sich die Substanzen wahrscheinlich nicht über die Startlinie hinaus bewegen.

Kieselgelfolie (Chromatographiepapier)

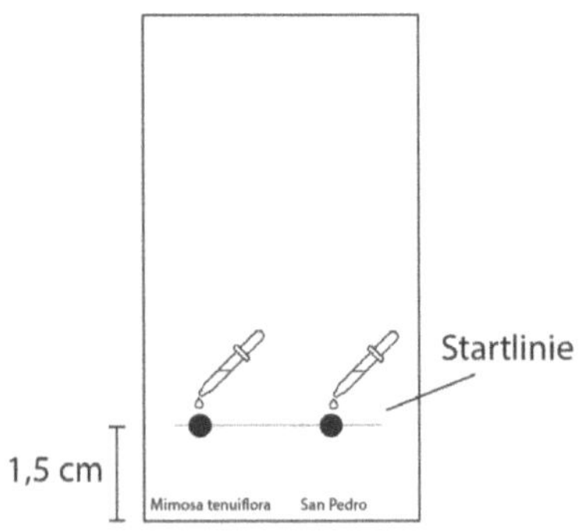

Auftragen der mobilen Phase

Danach wird die Lösung aus Schritt 1 mit einer Pipette in einer Höhe von 1,5 cm über dem unteren Ende des Trägermaterials aufgetragen. Die aufgetragene Lösung wird getrocknet und erneut aufgetragen, bis ein kräftiger farbiger Punkt entstanden ist.

Analysiert werden Proben von *Mimosa tenuiflora* und San Pedro.

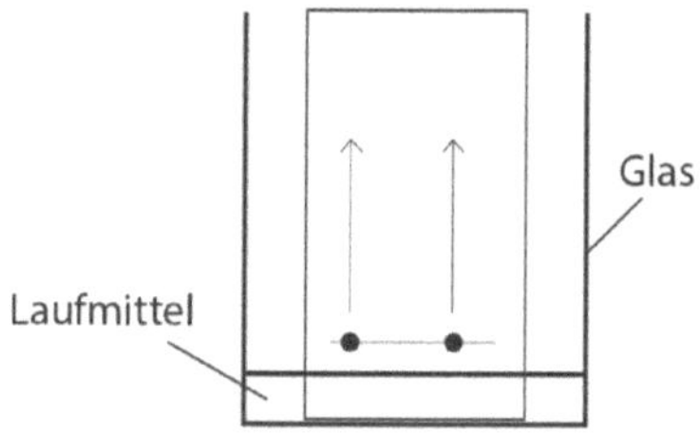

Einfüllen des Laufmittels

Das Laufmittel wird in ein geeignetes Glas gegeben, bis es etwa 0,5–1 cm hoch steht. Als Nächstes wird das Trägermaterial (Chromatografieplatte) mit dem farbigen Punkt ebenfalls in das Glas gestellt. Man muss an dieser Stelle darauf achten, dass der farbige Punkt nicht mit dem Laufmittel benetzt wird. Kurz bevor die Laufmittelfront den oberen Rand (ca. 0,5–1 cm) der DC-Folie erreicht hat, wird diese herausgenommen, die Laufmittelfront mit einem Bleistift markiert und mit dem Föhn getrocknet.

Hinweis Läuft eine Substanz – wie z.B. DMT oder Meskalin – zu wenig, muss die Polarität des Laufmittels erhöht werden. Läuft eine Substanz mit der Laufmittelfront, muss die Polarität des Laufmittels reduziert werden.

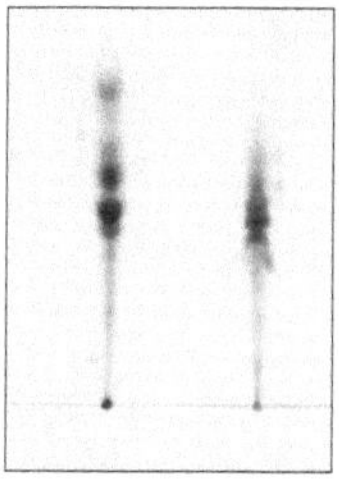

Das Ergebnis könnte z.B. so aussehen wie auf der Abbildung rechts.

Wie lässt sich anhand dieser Ergebnisse denn nun herausfinden, ob und in welcher Konzentration DMT in diesen Pflanzen enthalten ist?

Eine einfache Möglichkeit wäre, neben den beiden Proben (*Mimosa tenuiflora* und San Pedro) eine Vergleichsprobe aufzubringen. Damit würden wir herausfinden, welche Farbe DMT aufweist und in welcher Position es sich auf dem Trägermaterial anordnet.
Auf der Abbildung lässt sich wunderbar erkennen, dass sich sowohl bei DMT als auch bei *Mimosa tenuiflora* ein Fleck in derselben Höhe gebildet hat. Wir können somit folgern, dass nur eine der zwei untersuchten Proben DMT enthält, nämlich *Mimosa tenuiflora.* Die Konzentration des DMT lässt sich anhand der Größe des Fleckens bestimmen.

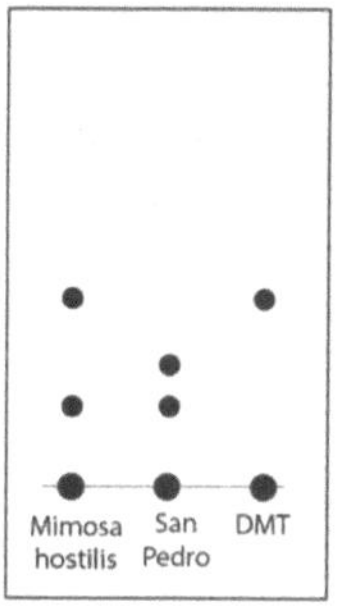

Dies war nur ein kurzer Einblick in das Funktionsprinzip der Dünnschichtchromatografie. Um die Ergebnisse einer DC zuverlässig interpretieren zu können, sollte man vorab weitere Informationen einholen.

Dimethyltryptamin (N,N-DMT)

»DMT ist eine zuverlässige Methode, um in eine Dimension einzudringen, über deren Existenz der Mensch seit 50 000 Jahren debattiert. Existiert eine unsichtbare Welt, die von intelligenten Lebewesen bewohnt ist, mit denen der Mensch kommunizieren kann? Du glaubst, ja? Falls du es nicht glaubst, sag mir, dass du es nicht glaubst, nachdem du 75 mg DMT geraucht hast. Ansonsten haben wir einfach nichts zu besprechen.«

TERENCE MCKENNA

»Möglicherweise können wir mit DMT das wahrnehmen, was der Physiker ›Dunkle Materie‹ nennt – die 95 Prozent der Masse des Universums, die bekanntermaßen existiert, die aber derzeit für unsere Sinne und Instrumente unsichtbar bleibt.«

GRAHAM HANCOCK

N,N-Dimethyltryptamin (DMT) ist ein in der Natur vorkommendes Tryptamin. Es wird auch im endogenen Haushalt des Menschen produziert (5-MeO-DMT übrigens auch) und fungiert womöglich sogar als Neurotransmitter. Strukturell ist es analog zum Neurotransmitter Serotonin und anderen Tryptaminen wie 5-MeO-DMT und 4-HO-DMT (Psilocin). DMT wird vom menschlichen Körper u.a. mithilfe des Enzyms **INMT (Indolethylamin-N-Methyltransferase)** biosynthetisiert und konnte im Blut, Urin und in der Zerebrospinalflüssigkeit des menschlichen Körpers nachgewiesen werden. Viele indigene und moderne Kulturen verwenden DMT in extrahierten oder synthetisierten Formen. Exogen zugeführtes DMT führt zu intensiven Zuständen, bei denen oftmals tiefgreifende Konfrontationen mit dem Unterbewussten berichtet werden. Verdampftes DMT wird jedoch beim Inhalieren als sehr »kratzig« empfunden und hat zudem einen unverwechselbaren Geschmack, der an verbranntes Plastik erinnert.

Für eine vollwertige DMT-Erfahrung werden laut Terence McKenna lediglich drei tiefe »Züge« benötigt. Daraufhin kommt es zu einem vollkommenen Realitätswechsel *(Breakthrough)*. In diesem Zustand ist man völlig abgekoppelt von seinem Körper, nicht einmal der Herzschlag und das Atmen sind noch zu spüren. Man befindet sich in einer Realität, die nach Ansicht einer Mehrheit der Probanden einer klinischen Studie sogar von intelligenten Lebewesen bewohnt wird [STRASSMAN 1995]. Viele Konsumenten beschreiben die »DMT-Realität« als wesentlich realer als die normale Alltagsrealität. Dies könnte auf eine erhöhte Gehirnaktivität zurückzuführen sein. Die erhöhte Gehirnaktivität korreliert auch mit einer veränderten Wahrnehmung der Zeit. Das bedeutet, dass ein DMT-Trip nach der »normalen« Zeitmessung nach 5–15 Minuten vorbei ist. In Wirklichkeit kann ein DMT-Trip jedoch mehrere subjektiv empfundene Jahre anhalten. Diese Jahre darf man sich aber nicht wie normal gelebte Jahre vorstellen, sondern eher wie in einem Zeitraffer. Irgendwann ist jedoch der Zeitpunkt erreicht, an dem der Verstand die Datenflut nicht mehr bewältigen kann und sich ausklinkt. So gelangt man zum Kern seiner Existenz.

Chemie

DMT wurde zum ersten Mal 1946 vom brasilianischen Ethnobotaniker Gonçalves de Lima aus der Wurzelrinde von *Mimosa tenuiflora* extrahiert; er nannte die Substanz Nigerin. DMT wird normalerweise in seiner freien Basen-Form verwendet, stabiler ist es jedoch in seiner Salzform, z.B. als Fumarat. Im Gegensatz zur freien Base sind die DMT-Salze wasserlöslich. Hochreine DMT-Kristalle erzeugen, wenn sie aus einem Lösungsmittel verdampft und auf Glas abgeschieden werden, oft kleine, aber hoch definierte weiße Kristalle, die bei starkem Lichteinfall funkeln und bei starker Vergrößerung farblos erscheinen.

Schmelzpunkt
44,6–46,8 °C (Freebase)
165–168 °C (Hydrochlorid)
152–152,5 °C (Fumarat)
Löslichkeit
DMT-Freebase ist löslich in: Xylol, Toluol, D-Limonen, Aceton, Naphtha, Wundbenzin, DCM, Chloroform
DMT-Fumarat ist löslich in: Wasser
DMT-Acetat ist löslich in: Aceton

Vorkommen

Der Chemiker Alexander Shulgin prägte den berühmten Satz »DMT is everywhere«. In unzähligen Pflanzen, in manchen Pilzen, in Tieren und in allen Menschen finden sich Derivate des Dimethyltryptamins. In der Natur gibt es DMT fast überall, häufig in Verbindung mit den nahen chemischen Verwandten 5-MeO-DMT und Bufotenin (5-HO-DMT). Es kommt als primäres aktives Alkaloid in mehreren Pflanzen vor, darunter *Mimosa tenuiflora, Diplopterys cabrerana* und *Psychotria viridis*. Darüber hinaus findet sich DMT als untergeordnetes Alkaloid im *Virola*-Schnupftabak, in dem 5-MeO-DMT das wichtigste aktive Alkaloid darstellt. DMT wird auch als untergeordnetes Alkaloid in den Bohnen von *Anadenanthera peregrina* und *Anadenanthera colubrina* gefunden, die zur Herstellung von Yopo und Villca-Schnupftabak verwendet werden, in dem wiederum Bufotenin das wichtigste aktive Alkaloid ist.

Konsumformen

DMT ist oral nicht wirksam, es sei denn, es wird mit einem **Monoaminooxidase-Inhibitor (MAOI)** kombiniert. Ohne einen MAOI wird oral verabreichtes DMT schnell vom Körper metabolisiert. Andere Formen der Einnahme, wie Rauchen oder Spritzen, können für kurze Zeit (ca. 5–15 Minuten) starke Halluzinationen und entheogene Aktivität erzeugen, da das DMT das Gehirn erreicht, bevor es durch die körpereigene Monoaminooxidase metabolisiert werden kann. Die Einnahme eines MAOI vor dem Rauchen oder der Injektion verlängert und potenziert die Wirkungen von DMT erheblich.

Inhalation: Geraucht kann die Wirkung dosierungsabhängig zwischen 5 und 15 Minuten andauern. Das Einsetzen der Wirkung ist extrem schnell und bereits beim Ausatmen der Inhalation spürbar (weniger als 30 Sekunden). Die maximale Wirkung wird innerhalb einer Minute erreicht. Die typisch visionäre Wirkung tritt etwa bei 15–20 mg auf, erleuchtende Reisen in die Geheimnisse des Universums oder auch erschreckende Erlebnisse werden häufig bei der Einnahme von 60 bis 80 mg berichtet.

Intranasale Applikation: Wenn DMT intranasal eingenommen wird (durch die Nase gezogen), ist die Wirkdauer etwa zweimal so lang wie bei der Inhalation. Intranasal ist jedoch keine beliebte Methode, da es ein stark brennendes Gefühl an der Nasenscheidewand erzeugt (besonders bei der freien Base). Etwa 30 mg DMT sind ausreichend, um eine spürbare Wirkung zu erzielen. Beim intranasalen Konsum wird DMT jedoch vorzugsweise in seiner Salzform verwendet, da es in dieser Form wasserlöslich ist.

Injektion (intramuskulär): Injiziertes DMT erzeugt ein ähnliches Erlebnis wie Inhalation in Dauer, Intensität und Eigenschaften. [4]

Orale Einnahme: DMT, das durch das Verdauungsenzym Monoaminooxidase abgebaut wird, ist bei oraler Einnahme praktisch inaktiv, sofern es nicht mit einem Monoaminooxidase-Inhibitor (MAOI) kombiniert wird. Das traditionelle südamerikanische Ayahuasca ist eine Mischung, die sowohl DMT als auch einen MAOI enthält. Es gibt eine Reihe von Beimischungen zu diesem Gebräu, aber am häufigsten werden die Blätter von *Psychotria viridis* (enthaltend DMT) und die Rebe *Banisteriopsis caapi* (die Quelle von MAOI) verwendet. Oral eingenommen erzeugt der Trank eine langanhaltende und tiefe spirituelle Erfahrung.

MAO-Hemmer sollten mit äußerster Vorsicht angewendet werden, da sie bei einigen verschreibungspflichtigen Medikamenten wie SSRI-Antidepressiva und einigen rezeptfreien Medikamenten tödliche Komplikationen nach sich ziehen können (siehe Kapitel »MAO-Hemmer« und »MAOI Gefahrenhinweise«.)

Nachhaltigkeit einer DMT-Erfahrung

Angenommen, du befindest dich in einer Welt, die irgendwie realer wirkt als die »normale» Realität. Und angenommen, du befindest dich gefühlt schon mehrere Tage in dieser Realität, wie in einem Traum, in welchem du fast schon vergessen hast, wie du eigentlich dorthin gekommen bist. In dieser absolut realen und nun auch gewohnten Realität, in der du dich hin und wieder mit anderen Lebewesen unterhältst, wirst du im Millisekunden-Takt mit Informationen konfrontiert, die dir bisher noch nie so deutlich und so zusammenhängend offenbart wurden. Deswegen werden psychedelische Substanzen auch **Eidetika** genannt, weil sie neue Verbindungen im neuronalen Netzwerk unseres Gehirns erschaffen. Diese neuen neuronalen Verbindungen sind die tiefgründigen Erfahrungen und Erkenntnisse, die wir aus solch einem Trip mitnehmen. Was glaubst du, was mit dir passiert, wenn du aus solch einem Trip in die normale Welt zurückkehrst? Ich würde behaupten, vor diesem Hintergrund kommst du nicht mit einem Glauben, sondern mit einem höheren Wissen zurück – einem Wissen, das dir in Leib und Seele übergeht und dein Leben nachhaltig zum Positiven verändert. Doch wie sich eine DMT-Erfahrung schlussendlich auf jedes Individuum auswirkt, ist nicht vorhersehbar. Jeder von uns besitzt eine einmalige Gehirnchemie mit unterschiedlichen neuronalen Verknüpfungen, die uns individuell auf die gemachten Erfahrungen reagieren lassen.

DMT ist keine Freizeitdroge. Jeder unerfahrene Zeitgenosse, der nur zum Spaß mit dieser Substanz hantiert, geht damit unkalkulierbare Risiken ein, die ihn unter Umständen seinen Verstand kosten können.

Nebenwirkungen

Gemäß einer Studie von Rick Strassman erhöht die Einnahme von Dimethyltryptamin den Blutdruck, die Herzfrequenz und die Rektaltemperatur. Zusätzlich konnte ein Anstieg der Blutkonzentrationen von β-Endorphin und Corticotropin, Cortisol und Prolaktin verzeichnet werden. Die Wachstumshormonblutspiegel stiegen gleichermaßen als Reaktion auf alle DMT-Dosen, wobei der Melatoninspiegel nicht betroffen war.

Nebenwirkungen, die von anderen Quellen berichtet wurden, sind: Tremor (Muskelzittern), Tachykardie (Herzrhythmusstörungen), Paranoia, Angstzustände, Mydriasis (erweiterte Pupillen), Schwindel, Unruhe.

Sucht

Die Ausbildung einer körperlichen oder psychischen Abhängigkeit ist nicht gegeben. DMT wird von einem körpereigenen Enzym rasch abgebaut und ist auch endogen im menschlichen Gehirn vorhanden. Eine Störung des Neurotransmitterhaushalts durch häufigen Konsum ist unwahrscheinlich und bleibt voraussichtlich auch bei größeren DMT-Mengen aus.

Spekulationen

Da DMT natürlicherweise in geringen Mengen im Gehirn und anderen Geweben von Menschen und anderen Säugetieren produziert wird, glauben einige Forscher, dass es eine Rolle bei der Förderung der visuellen Effekte des natürlichen Träumens sowie bei Nahtoderfahrungen und anderen mystischen Zuständen spielt.

▶ Laut der Theorie des medizinischen Forschers J. C. Callaway wird unser DMT-Spiegel im Gehirn periodisch erhöht, um visuelles Träumen und möglicherweise andere natürliche Geisteszustände zu induzieren. [5] Er war damit einer der ersten Wissenschaftler, der eine nützliche Funktion für die endogene DMT-Produktion vorbrachte. Leider lassen ethische Einschränkungen in der Forschung die Überprüfung dieser Hypothese beim Menschen nicht zu, da die biologischen Proben aus dem lebenden menschlichen Gehirn entnommen werden müssten.

Rick Strassman, der in den 1990er Jahren an der University of New Mexico DMT-Forschungen durchführte, stellte die These auf, dass eine massive Freisetzung von DMT aus der Zirbeldrüse vor dem Tod oder dem Beinahe-Tod die Ursache des NTE-Phänomens (Nahtoderfahrung) sei. Einige seiner Testpersonen berichteten von NTE-ähnlichen auditiven oder visuellen Halluzinationen. Seine Erklärung dafür war der mögliche Mangel an Panik im klinischen Umfeld und mögliche Dosierungsunterschiede zwischen denen, die verabreicht wurden, und denen, die in tatsächlichen NTE-Fällen aufgetreten waren.

Mehrere Probanden berichteten auch über den Kontakt mit fremden Wesen, insektenähnlichen und reptilienähnlichen Wesen in technologischen Umgebungen, in denen die Probanden »untersucht«, »getestet« und manchmal sogar von diesen »Lebewesen« »manipuliert« wurden (vgl. Entführungsphänomen) [6].

Eine Erklärung für diese recht häufig auftretenden Erlebnisse könnte uns Terence McKenna liefern. McKenna schreibt über seine Erfahrungen mit DMT, in denen er ebenfalls auf Entitäten stößt, die er als »Self-Transforming Machine Elves« (selbsttransformierende Maschinenelfen) bezeichnet. McKenna glaubte, dass DMT ein Werkzeug sei, mit dem die Kommunikation mit anderen Objekten der Welt ermöglicht werden könnte. Unter Forschern ist Rick Strassmans *DMT: The Spirit Molecule* (deutsch: *Das Molekül des Bewusstseins*) vielleicht am besten bekannt; Strassman spekulierte, dass DMT in der Zirbeldrüse hergestellt wird, hauptsächlich, weil die zur Herstellung von DMT erforderlichen Bestandteile in der Zirbeldrüse gefunden wurden.

Liste DMT-haltiger Pflanzen (Auswahl)

Botanische Bezeichnung	**Tryptaminvorkommen**
Arundo donax L.	Blüten: DMT, 5-MeODMT und 5-MeO-NMT Wurzeln: DMT, 5-MeO-DMT, 5-MeO-NMT, Bufotenine, Bufotenidin, Dehydrobufotenidin
Desmanthus illinoensis (Michx.) MacMill.	Wurzelrinde: DMT - 0,34% [7]
Phalaris arundinacea L.	Blätter: DMT, 5-MeO-DMT und verwandte Verbindungen
Phalaris aquatica L.	Blätter und Sämlinge: DMT, 5-MeO-DMT und verwandte Verbindungen DMT -0,100% 5-MeO-DMT - 0,022% (Erowid) 5-OH-DMT - 0,005%
Phragmites australis (Cav.) Trin. ex Steud.	DMT in Wurzeln
Delosperma acuminatum L. Bolus	DMT, 5-MEO-DMT
Delosperma cooperi (Hook.f.) L. Bolus	DMT, 5-MEO-DMT
Delosperma ecklonis (Salm-Dyck) Schwantes	DMT
Delosperma esterhuyseniae L. Bolus	DMT
Delosperma hallii L. Bolus	5-MeO-DMT
Delosperma harazianum (Deflers) Poppend. & Ihlenf.	DMT, 5-MeO-DMT
Delosperma hirtum (N.E.Br.) Schwantes	DMT
Delosperma lydenburgense L. Bolus	DMT, 5-MeO-DMT
Delosperma nubigenum (Schltr.) L. Bolus	5-MeO-DMT
Delosperma pageanum (L.Bolus) Schwantes	DMT, 5- MeO-DMT
Delosperma pergamentaceum L. Bolus	Enthält geringe Spuren von DMT
Delosperma tradescantioides (P.J.Bergius) L. Bolus	DMT
Petalostylis cassioides E. Pritz.	0,4–0,5 % Tryptamine, DMT in Blättern und Stängel
Acacia acuminata Benth.	bis zu 1,5 % Alkaloide, hauptsächlich Tryptamine in den Blättern
Acacia alpina F.Muell.	Aktive Komponenten in den Blättern
Acacia angustissima (Mill.) Kuntze	β-Methylphenethylamine, NMT und DMT in den Blättern, 1,1–10,2 ppm (0,00102%)
Acacia auriculiformis Benth.	5-MeO-DMT in der Stammrinde
Acacia baileyana F.Muell.	0,02% Tryptamine und β-Carboline in den Blättern, Tetrahydroharman
Acacia berlandieri Benth.	Amphetamine, Methamphetamin, N,N-Dimethylamphetamin, 4-Methoxyamphetamin, 4-Hydroxyamphetamin, DMT und andere
Acacia catechu (L.f.) Willd	DMT und andere Tryptamine in den Blättern und der Rinde
Acacia colei Maslin & L.A.J.Thomson	DMT
Acacia complanata Benth.	0,3% Alkaloide in den Blättern und im Stamm, N-Methyltetrahydroharman mit Spuren von Tetrahydroharman
Acacia confusa Merr.	N-Chloromethyl-N,N-Dimethyltryptamin, N-Methyltryptamin, N,N-Dimethyltryptamin und N,N-Di methyltryptamin-N-Oxid
Acacia cultriformis G.Don	Tryptamine in den Blättern und im Stamm
Acacia farnesiana (L.) Willd.	Tryptamine und Phenethylamine, N-Methyl-β-Phenethylamin
Acacia laeta Benth.	DMT in den Blättern

Siehe hierzu auch Berger, Markus: *DMT - Forschung, Anwendung, Kultur*. Aarau: AT Verlag 2022, 2. Auflage

Mimosa tenuiflora – Heilpflanze mit DMT-Gehalt

Mimosa tenuiflora ist der neue, botanisch anerkannte Name für die Pflanze *Mimosa hostilis*. Sie ist auch bekannt als *Acacia hostilis, Acacia tenuiflora, Mimosa cabrera, Mimosa limana, Cabrera, Calumbi, Carbonal, Cuji, Jurema, Jurema Preta* und *Tepescohuite*.

Die Pflanze ist ursprünglich in den tropischen Gebieten Südamerikas beheimatet. Sie ist eine von etwa 500 Mimosen-Arten und gedeiht am besten im feucht-warmen Klima. Schamanen aus Südamerika unterscheiden zwischen der mexikanischen Sorte und der brasilianischen, wobei die mexikanische Art wesentlich mehr psychoaktive Alkaloide enthalten soll und weiße Blüten produziert.

Laut verschiedenster Quellen wird *Mimosa tenuiflora* zur Gewinnung eines wunderschönen tief-purpurnen bis roten Farbpigments verwendet. [10] Es werden hierzu die Wurzeln genutzt. *Mimosa tenuiflora* gehört damit auch zu den Färberpflanzen. Im Internet wird sie auch häufig als Färberpflanze zum Verkauf angeboten.

Interessanterweise erweisen sich Extrakte aus der *Mimosa tenuiflora* oral eingenommen auch ohne MAO-Hemmer als halluzinogen. Es wird vermutet, dass das Yuremamin die Funktion eines MAO-Hemmers übernimmt oder selbst psychoaktiv wirkt. Ein Beweis für diese These steht jedoch noch aus.

Yuremamin ist ein Phytoindolalkaloid, das bereits 2005 aus der Rinde von *Mimosa tenuiflora* isoliert wurde. Zunächst wurde angenommen, dass Yuremamin zu einer neu entdeckten Gruppe von Indolalkaloiden gehört. Im Jahr 2015 stellte sich jedoch heraus, dass es sich aufgrund seiner chemischen Struktur um ein Flavonoid-Derivat handelt.

Inhaltsstoffe

Die Wurzelrinde weist eine hohe DMT-Konzentration auf.

- Mexikanische getrocknete Wurzelrinde enthält ca. 1% N,N-DMT.
- Brasilianische Wurzelrinde enthält ca. 0,57% N,N-DMT.
- Die innere Wurzelrinde enthält bis zu 2% aktive Alkaloide.

Innerliche Verwendung

Als Ayahuasca-Analog: Pro Person werden 9–12 g der getrockneten Wurzelrinde mit 3 g *Peganum harmala* kombiniert; ebenfalls eignet sich die Wurzelrinde zur Extraktion von »Jungle Spice«. Jungle Spice ist ein Extrakt aus allen Alkaloiden, die sich in der Wurzelrinde befinden.

Christian Rätsch schreibt: *»Ich habe 1 g der getrockneten, grob zerkleinerten mexikanischen Wurzelrinde (entspricht etwa 100 mg N,N-DMT) in einer Pfeife geraucht. Der Rauch verströmt beim Entzünden sofort einen fast überdeutlichen, charakteristischen DMT-Geruch. Ich habe aber nur sehr leichte DMT-Wirkungen verspürt. Vermutlich wäre ein eingedampfter Rindenextrakt (Kaltwasserauszug!) konzentriert genug, um durch Rauchen eine gute DMT-Wirkung zu erzeugen«* (Rätsch 1998: 364).

Getrocknete *Mimosa-tenuiflora*-Wurzelrinde

Mimosa tenuiflora eignet sich darüber hinaus auch für die medizinische Anwendung, denn bereits im 10. Jahrhundert wurde das Rindenpuder bei Hautverletzungen von den Heilern der Maya eingesetzt. Bis heute ist das Pulver der Wurzelrinde ein wichtiger Bestandteil in der traditionellen Medizin der Ureinwohner Südamerikas und ist im Sprachgebrauch auch als *Tepezcohuite* (Baum der Haut) bekannt.

Die pulverisierte Stammrinde besitzt zudem eine schmerzstillende Wirkung und ist dafür bekannt, dass sie eine veränderte Epidermis wiederherstellen kann. Im November 1984 gab es in San Juanico eine große Explosion mit vielen Verletzten. Einige der 5000 Brandopfer wurden sehr erfolgreich mit dem Pulver der Baumrinde behandelt. Seither wurde die Heilwirkung untersucht, labortechnisch nachgewiesen und wird heute vorwiegend in Cremes und Pflegeprodukten verwendet.

Ein Tee aus Blättern und Stängeln kann zur Behandlung von Zahnschmerzen verwendet werden. Bei Husten und Bronchitis kann ein Wasserextrakt (Abkochung) von *Mimosa tenuiflora* getrunken werden. Die Inhaltsstoffe der Rinde wirken auch antibakteriell und wirksam gegen Pilze und Parasiten.

Rechtslage

Die Pflanze an sich ist nicht verboten, solange keine Absicht besteht, mit der Pflanze berauschende Zustände hervorzurufen oder daraus Drogen (nach BtMG) herzustellen. Die Einfuhr, der Erwerb und Besitz von *Mimosa tenuiflora* ist in Deutschland laut § 29 Abs. 1 BtMG verboten, und dennoch bieten Händler immer wieder getrocknete Wurzelrinde der Pflanze als Färbemittel im Internet an. Daher gab es in Deutschland 2019 eine große Klagewelle (etwa 1000 Anzeigen) gegen viele Käufer, die *Mimosa-tenuiflora*-Wurzelrinde bei einem Händler auf eBay käuflich erworben hatten. Im Zuge der Ermittlungen fanden daraufhin viele Hausdurchsuchungen statt.

Laut chemischer Analyse, die auf richterliche Anordnung durchgeführt wurde, wurde der DMT-Gehalt in der Wurzelrinde zuwider jeglicher Literatur auf 3 % festgelegt. Hat man also 250 g *Mimosa* bestellt, würde die Anklageschrift »Verstoß gegen das BtMG wegen nicht geringer Menge« lauten (die nicht geringe Menge beläuft sich auf 3,1 g). Ein Verstoß wegen nicht geringer Menge sieht laut Gesetz eine Freiheitsstrafe von mindestens 1 Jahr vor.

Die Verfahren wurden jedoch auch bei Bestellungen über 250 g größtenteils gegen Geldauflage eingestellt. Vielen Richtern war schnell bewusst, dass die »nicht geringe Menge« deutlich zu niedrig angesetzt wurde. Auch konnte in den meisten Fällen nicht nachgewiesen werden, dass der Beschuldigte DMT aus der Wurzelrinde hergestellt hatte.

DMT-Extraktion und -Entfettung Straight-to-Base (StB)

Einführung und Wissenswertes

Das Extrahieren von kristallinem DMT basiert auf den gleichen chemischen Prinzipien wie die meisten anderen Extraktionen.

Naphtha oder Wundbenzin werden für die DMT-Extraktionen als Lösungsmittel bevorzugt. Xylol oder Toluol funktionieren auch, aber sie neigen dazu, zu viele andere Alkaloide zu binden, während Naphtha und Wundbenzin recht selektiv sind und in erster Linie auf das DMT abzielen.

5-HO-DMT (Bufotenin) ist in Naphtha nicht löslich, 5-MeO-DMT hingegen schon. Naphtha gibt die Möglichkeit, mit **Gefrierpräzipitation** (später erläutert) zu arbeiten, während Xylol und Toluol dies nicht ermöglichen.

Aufgrund der Qualität eignet sich Wund- oder Waschbenzin sogar besser als Naphtha, besonders für eine anschließende Reinigung. Ein weiterer Grund, sich für ein qualitativ hochwertiges Lösungsmittel zu entscheiden, ist, dass DMT erst dann richtig kristallisieren kann, wenn es nicht verunreinigt ist.

Selbst eine geringe Kontamination kann die Kristallisierung deutlich verschlechtern. Aus diesem Grund sind qualitative Lösungsmittel und destilliertes Wasser von entscheidender Wichtigkeit.

Zitronensäure oder weißer destillierter Essig mit 5% Säure sind die am häufigsten für die DMT-Extraktion verwendeten Säuren.

Aufgrund ihres Alkaloidprofils (viel DMT und wenig andere Alkaloide), ist die *Mimosa-tenuiflora*-Wurzelrinde für eine DMT-Extraktion prädestiniert. Wieviel DMT eine Extraktion schlussendlich hervorbringt, hängt von der Qualität der Wurzelrinde ab. Im Schnitt kann man jedoch sagen, dass pro 100 g Wurzelrinde ca. 0,7–1,0 g DMT-Extrakt möglich sind.

Entfettung (Einführung)

Das pflanzliche Material vor der eigentlichen Extraktion von Fetten und Ölen zu reinigen, nennt sich »Entfettung». Eine Entfettung ist ratsam, aber bei der Extraktion aus *Mimosa tenuiflora* nicht unbedingt notwendig.

Die Alkaloide liegen im natürlichen Zustand als Salze in der Pflanze vor. Das bedeutet, sie können nicht mit einem unpolaren Lösungsmittel aus der Pflanze gelöst werden. Im Gegensatz dazu sind Öle und Fette in unpolaren Lösungsmitteln löslich. Auf diese Weise können Öle und Fette aus dem Pflanzenmaterial gelöst werden, während die Alkaloide in der Pflanze verbleiben.

Bei den meisten Extraktionen ist Wärme zu vermeiden, da sie Öle erhitzt und somit mehr davon freisetzt (Öle werden im warmen Zustand flüssiger). Bei der Entfettung jedoch ist Wärme genau das Richtige. Einige der folgenden Rezepte beginnen ohnehin mit einem heißen »Säurekochen«, sodass das Hinzufügen, Mischen und Entfernen einer warmen Lösungsmittelschicht in diesem Stadium keine große Mühe erfordert.

Für die Entfettung werden zwei Varianten bevorzugt. Es sei jedoch angemerkt, dass vor allem bei der trockenen Entfettung vergleichsweise viel Lösungsmittel benötigt wird (ca. 2 l Waschbenzin), beim Säurekochen deutlich weniger.

Standard-Entfetten

- Man gibt die gewünschte Menge des zu entfettenden Pflanzenmaterials in einen Topf.
- Als Nächstes wird unter ständigem Rühren so viel Wasser hinzugefügt, dass ein flüssiges Gemisch entsteht.
- Das Gemisch wird erwärmt und anschließend in einen entsprechend großen Behälter (Glas oder HDPE) gegeben. Der Behälter sollte nicht randvoll sein, da noch weitere Flüssigkeiten hinzugefügt werden.
- Jetzt wird dem Gemisch Essig oder Zitronensäure hinzugefügt, um den pH-Wert auf 3 oder 4 zu bringen (überprüfe den pH-Wert mit pH-Teststreifen).
- Nun gibt man eine Schicht warmes Naphtha hinzu; etwa $^1/_4$ der Menge an Flüssigkeit, die sich in dem Behälter befindet. (Das Naphtha kann vorsichtig in einem Wasserbad erwärmt werden: Dazu wird ein Glasgefäß mit Naphtha gefüllt und in einen Topf mit warmen Wasser gestellt. Es reicht, das Naphtha leicht zu erwärmen.)
- Schütteln und ruhen lassen, damit sich die Schichten voneinander trennen können. Anschließend entfernt man das schmutzige Naphtha mit einer großen Pipette oder einer Soßenspritze und gibt diese, bei Bedarf, in einen gesonderten Behälter. Die gelösten Fette werden erst wieder sichtbar, wenn die Temperatur des Gemisches sinkt.
- Den Vorgang so lange wiederholen, bis das Naphtha klar ist.

Trockenes Entfetten

- Wie bereits erwähnt, liegen die Alkaloide bereits in ihrer Salzform in der Rinde vor, was auch ein »trockenes Entfetten« ermöglicht.
- Hierfür wird das Pflanzenmaterial fein zermahlen und mit warmem Naphtha getränkt (Vorsicht – das Naphtha nur leicht erwärmen!).
- Im nächsten Schritt wird das Naphtha vom Pflanzenmaterial wieder getrennt. Dafür wird das Naphtha-/Pflanzen-Gemisch in ein Baumwoll- oder ein Käsetuch gelegt und kräftig ausgewrungen.
- Dieser Vorgang wird so lange wiederholt, bis das Naphtha klar bleibt.

DMT-Extraktion aus *Mimosa-tenuiflora*-Wurzelrinde – Straight-to-Base (StB)

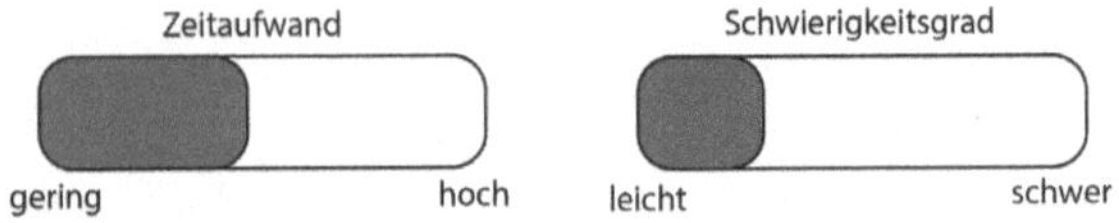

Materialien

- *Mimosa-tenuiflora*-Wurzelrinde (250 g kosten ca. 30–50 Euro)
- destilliertes Wasser (1–2 Euro im Baumarkt)
- Natriumhydroxid (NaOH, Ätznatron, Caustic Soda; ca. 5 Euro pro kg)
- Lösungsmittel – vorzugweise Waschbenzin oder Naphtha (1 Liter ca. 4 Euro)
- großes Glas (1,5 Liter Fassungsvermögen und verschließbar)
- Brille/Schutzbrille
- Handschuhe
- Pipette
- Löffel
- Schale
- Rasierklingen

Die StB-Methode funktioniert mit den meisten Rinden oder Wurzelrinden. Sehr feines Pulver mit einer rosa oder violetten Farbe spricht bei der *Mimosa tenuiflora* für eine gute Qualität.

Um Freebase-DMT aus der *Mimosa*-Wurzelrinde zu gewinnen, müssen die Alkaloide mit einer basischen Lösung in diesen Zustand umgewandelt werden. Die »Straight-to-Base«-Methode ist dafür bestens geeignet. Naphtha und auch Wundbenzin arbeiten recht selektiv und lösen nur das N,N-DMT (sowie das 5-MeO-DMT) heraus.

Für die DMT-Extraktion eignet sich am besten ein feines Pulver, große Stücke der Wurzelrinde sind weniger geeignet.

Schritt 1

Es wird eine starke Lauge erzeugt, deshalb ist der erste Schritt, wie bei jeder Extraktion, das Anlegen von geeigneter Schutzausrüstung.

Die Mischung steht im Verhältnis von *1:10:0,5 (Mimosa-tenuiflora*-Puder: Wasser: Natriumhydroxid), also z.B. 100 g *Mimosa tenuiflora,* 1 Liter Wasser in ein Glas und 50 g (2,5 Esslöffel) NaOH, wobei jede Mischung da ein wenig abweicht. Wichtig ist, dass der pH-Wert ungefähr bei 12 liegt und das Verhältnis von Wasser zu *Mimosa-tenuiflora*-Puder groß genug ist. Falls man zu viel Natriumhydroxid hinzugefügt hat, erkennt man dies daran, dass es sich nicht mehr im Wasser auflöst, sondern am Boden liegen bleibt. Wenn das der Fall sein sollte, muss man von vorn beginnen.

Als Extraktionsbehälter eignet sich ein großes Einmachglas mit 1,5 l Fassungsvermögen oder ein ähnliches Glas- oder HDPE-Gefäß mit Deckel. Die Problematik bei breiten Gefäßen ist, dass die Naphtha-Schicht nur wenige Millimeter dick sein wird, da sie sich auf die breite Fläche verteilt und somit am Ende nur schwer abgesaugt werden kann.

Schritt 2

An dieser Stelle wird 1 Liter destilliertes Wasser in den Extraktionsbehälter gefüllt. Danach wird die Lauge (Natriumhydroxid, NaOH) langsam und unter ständigem Rühren ebenfalls dem Wasser hinzugefügt (niemals darf man Wasser in die Lauge geben). Wenn ein Laugenbüschel zu lange im Wasser an einer Stelle liegt, wird sich dieser Bereich schnell und stark erhitzen und kann zum Schaden am Gefäß führen. Bei jeder Zugabe von NaOH sollte hinterher stets der pH-Wert des Gemisches gemessen werden. Ist der pH-Wert von 12 erreicht, kann mit der Zugabe gestoppt werden.

Natriumhydroxid dem Wasser hinzufügen

Glasbehälter mit frisch hinzugefügtem *Mimosa-tenuiflora*-Wurzelrindenpulver

Schritt 3

Nun wird das *Mimosa-tenuiflora*-Pulver hinzugefügt und behutsam circa 5–10 Minuten lang umgerührt (nicht schütteln).

Das Glas lässt man daraufhin ca. 1 Stunde stehen und rührt anschließend noch einmal kräftig um. Dieser Vorgang wird mindestens zweimal wiederholt (stehen lassen und rühren).

Schritt 4

Nun wird das Lösungsmittel, Naphtha oder Waschbenzin, dem Gemisch hinzugefügt. Die Menge beträgt etwa 1/10 des Gemisches oder wie in diesem Beispiel 100 ml. Danach wird ca. 5 Minuten lang umgerührt, bis sich das Naphtha

2 Phasen: Wasser unten, Lösungsmittel oben

mit dem Gemisch vollständig vermengt hat. Nach dem Rühren wird kurz gewartet, bis sich das Lösungsmittel vom Gemisch getrennt hat. Das passiert bereits nach wenigen Sekunden (siehe Abbildung).

Den Vorgang zweimal wiederholen und dann zu Schritt 5 übergehen.

Das Gemisch und das Naphtha dürfen nicht zu kalt werden, da DMT in kaltem Naphtha nicht löslich ist. Das Gemisch darf aber auch nicht zu warm werden, sonst bekommt man am Ende klebriges und fettiges DMT. Optimal ist Zimmertemperatur.

Wenn das Gemisch an dieser Stelle geschüttelt wurde, ist die Wahrscheinlichkeit hoch, dass eine Emulsion (Wasser-Fett-Gemisch) entstanden ist und sich eine dritte Schicht zwischen Wasser und Lösungsmittel herausbildet. Aus diesem Grund sollte immer vorsichtig gerührt werden. Keine Panik, auch wenn sich eine dritte Schicht bildet, ist die Extraktion keineswegs verloren.

Schritt 5

Wenn sich das Naphtha in eine obere Schicht abgesetzt hat, kann man es mit einer Pipette oder einer gewöhnlichen Plastikspritze absaugen und in einen Behälter geben. Eine Form mit einer festen, glatten Oberfläche wird hierfür bevorzugt.

Wichtig: Nur das Lösungsmittel wird mit der Pipette aufgesaugt, nicht das darunterliegende schwarze Gemisch oder die Emulsion.

Trage einen Mundschutz! Werden die Dämpfe eingeatmet, erzeugen sie üble Kopfschmerzen.

Schritt 6

Als nächstes wird die Form mit einer Frischhaltefolie sorgsam abgedeckt. Am besten sollte die Folie zusätzlich mit Gummibändern fixiert werden, damit das Lösungsmittel in der Form bleibt und sich nicht als Gas im Gefrierschrank verteilt.

Um besonders schöne Kristalle zu erhalten, sollte man die Temperatur nur sehr langsam reduzieren. Bevor man die Schale also direkt in den Gefrierschrank stellt, empfiehlt es sich, die Schale erst für eine Stunde nach draußen zu stellen (je nach Außentemperatur), dann in den Kühlschrank und erst danach in den Gefrierschrank.

Schritt 7

Am nächsten Tag sollten sich am Boden der Form DMT-Kristalle abgesetzt haben. Bevor man diese jedoch herausnehmen kann, sollte das Naphtha zurück in das Glas mit dem Gemisch gekippt werden. Die zurückbleibenden Kristalle können nun an der Luft getrocknet werden.

Es kann passieren, dass sich auf den DMT-Kristallen beziehungsweise auf der gesamten Schale Kondenswasser sammelt. Das ist nicht schlimm und liegt an dem starken Temperaturunterschied zwischen der Auflaufform und der Raumluft. Um diese Situation zu handhaben, wird die Form umgedreht und auf ein Küchentuch gelegt, bis das gesamte Wasser getrocknet ist. Mit dem verbliebenen Naphtha kann die gesamte Extraktion beliebig oft wiederholt werden, bis keine DMT-Kristalle mehr aus der Extraktion hervorgehen. Bei dieser Extraktionsmethode werden mindestens zwei weitere Durchläufe benötigt, um jegliche Alkaloide vollständig aus der Pflanze herauszulösen. Ist nicht mehr genug Lösungsmittel vorhanden, kann nach Bedarf welches ergänzt werden. Die DMT-Kristalle können jetzt z.B. mit einer Rasierklinge abgeschabt und gelagert werden.

Weisen die weißen DMT-Kristalle Unreinheiten auf, können diese in einem weiteren Reinigungschritt entfernt werden. Siehe Kapitel »DMT-Rekristallisierung«.

Ausgefallene DMT-Kristalle nach der Lagerung im Eisfach

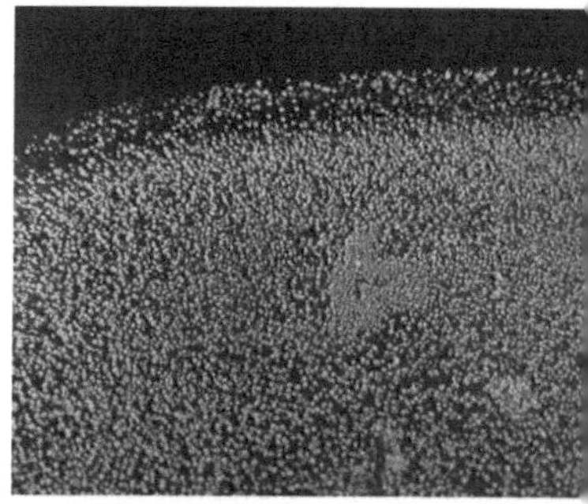

DMT-Kristalle Nahansicht

DMT-Pulver

S/B-DMT-Extraktion (*Psychotria-viridis*-Blätter)

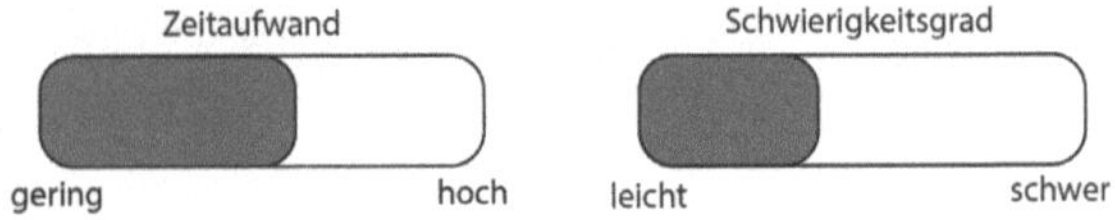

Materialien

- *Psychotria-viridis*-Blätter, mind. 100 g
- Zitronensäure
- Topf
- Herd
- Baumwolltuch/Käsetuch
- Lösungsmittel (Naphtha, Wundbenzin)
- Natriumcarbonat (Lauge)
- Glasbehälter (luftdicht,1,5 l)
- pH-Teststreifen
- Pipette

Die psychoaktiven Alkaloide befinden sich bei *Psychotria viridis* (Chacruna) hauptsächlich in den Blättern. Die enthaltende Menge variiert zwischen 0,16 und 0,66 Prozent. Neben DMT soll sie auch das nahe verwandte Tryptamin 5-MeO-DMT enthalten.

Säurekochen

1. Die gewünschte Menge Blätter der *Psychotria viridis* wird in einen Topf gegeben. Destilliertes Wasser hinzufügen. Als nächstes wird mithilfe von Zitronensäure der pH-Wert auf ungefähr 4 angepasst.
2. Der Brei wird mindestens eine Stunde gekocht. Bei Bedarf kann Wasser nachgegossen werden, damit die Blätter stets mit Wasser bedeckt sind. Dabei sollte immer der pH-Wert im Auge behalten werden.
3. Die Blätter werden anschließend herausgefiltert und mit einem Bauwolltuch ausgepresst. Das alkaloidhaltige Wasser kann anschließend auf 300 ml eingekocht werden.

4. Um sämtliche Alkaloide aus dem Pflanzenmaterial zu lösen, können die bereits ausgekochten *Psychotria-viridis*-Blätter ein zweites Mal ausgekocht werden. Nach verschiedenen Erfahrungswerten reicht das einmalige Auskochen aus, um etwa 95 % der Alkaloide zu lösen.

Das Pflanzenmaterial wird vom sauren, alkaloidhaltigen Wasser getrennt

Entfetten

5. Das Wasser wird in einen geeigneten Glasbehälter umgefüllt und anschließend etwa 100 ml Naphtha hinzugefügt.
6. An dieser Stelle werden die beiden Phasen (Lösungsmittel und Wasser) miteinander vermischt, um die Fette herauszulösen.

▶ Bei zu starkem Schütteln kann sich eine Emulsion bilden und eine dritte Schicht entstehen. Wenn das passiert, muss kurz gewartet werden, bis das Lösungsmittel wieder klar geworden ist. Diese dritte Schicht sollte nicht mit abgesaugt werden.

Gefiltertes alkaloidhaltiges Wasser, Farbe: rot-bräunlich

Das Lösungsmittel sollte jetzt eine grüne Farbe angenommen haben. Als Nächstes kann mithilfe einer Pipette das Lösungsmittel abgesaugt und in einen anderen Behälter gegeben werden.

7. Das Entfetten wird drei- bis viermal mit mindestens 100 ml wiederholt, bis das Naphtha klar bleibt. Die Blätter enthalten viel Chlorophyll (daher die grüne Färbung des Lösungsmittels). Wenn man also kein grünes Extrakt haben möchte, sollte gründlich entfettet werden.

Basifizierung

Im nächsten Schritt muss der pH-Wert auf ca. 11 erhöht werden. Dazu kann eine bestimmte Menge Natriumcarbonat-Lösung hinzugefügt werden. Die Base kann bei Bedarf auch direkt dem Gemisch hinzugefügt werden. Der pH-Wert von Natriumcarbonat liegt bei 11,5. Möchte man einen höheren pH-Wert erreichen, kann das schnell zur Übersättigung der Lösung führen.

Liegt der pH-Wert ungefähr bei 11, kann zur Trennung übergegangen werden.

Beim Hinzufügen der Lauge verändert sich die Farbe des Gemisches von rotbraun in pechschwarz.

Trennung

9. Um die Alkaloide herauszulösen, wird eine ausreichende Menge (etwa 10% des gesamten Gemisches) an Naphtha oder Wundbenzin dem Gemisch hinzugefügt.
10. Das Ganze wird ca. 5 Minuten umgerührt und das Lösungsmittel anschließend mit einer Pipette abgesaugt und in ein separates Gefäß gegeben.
11. Die Schritte 10 und 11 sollten mindestens dreimal durchgeführt werden, um die gesamten Alkaloide herauszulösen.

Verdampfung/Ausfällung

Um das Lösungsmittel von den Alkaloiden zu trennen, kann es anschließend verdampft oder wie bei der vorherigen Extraktion über Nacht in den Gefrierschrank gestellt werden.

Die Gefrierausfallmethode funktioniert am besten, wenn sich Alkaloide in einer hohen Konzentration im Lösungsmittel befinden. Aus diesem Grund kann es sich als nützlich erweisen, die Hälfte oder mehr des alkaloidhaltigen Lösungsmittels vor der Fällung verdampfen zu lassen.

Die Alkaloide beginnen bei Kälte zu kristallisieren und werden dadurch weniger löslich (sie fallen aus der Lösung). Jetzt sollte nur noch das zurückgebliebene Lösungsmittel abgegossen werden, wobei darauf geachtet werden muss, dass die Alkaloidkristalle in der Schale bleiben. Diesen Vorgang nennen Chemiker und Pharmazeuten »Dekantieren«.

Kristallines DMT nach der Gefrierfällung (2. Durchlauf)

Ertrag der Extraktion steigern (DMT-N-Oxid)

Manchmal erhält man ein gelbes oder auch rötliches Öl, das nicht kristallisiert. Es kann sich nach der Extraktion bilden und ist bei der Rekristallisierung deutlich zu erkennen. Bei der öligen Verunreinigung handelt es sich, Spekulationen zufolge, um DMT-N-Oxid. DMT-N-Oxid ist in unpolaren Lösungsmitteln wie Naphtha oder Wundbenzin nicht löslich, weshalb es bei der Rekristallisierung aus der Lösung fällt.

Löslich ist DMT-N-Oxid z.B. in Wasser, Ether oder DCM (Dichlormethan).

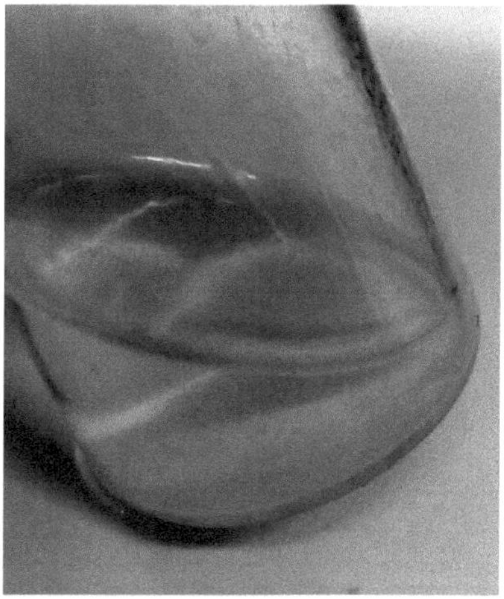

DMT-N-Oxid

Wenn das pflanzliche Ausgangsmaterial bereits etwas älter ist, ist die Wahrscheinlichkeit hoch, dass ein Teil des darin enthaltenen DMT bei Raumtemperatur zu DMT-N-Oxid oxidiert ist. Wird wiederum das DMT-N-Oxid für längere Zeit diversen Umweltbedingungen ausgesetzt, kann auch dieses möglicherweise in ein weiteres Abbauprodukt zerfallen, das entweder tieforange oder rot ist. Wurde bei der DMT-Extraktion Naphtha oder Heptan als Lösungsmittel verwendet, wird nur wenig DMT-N-Oxid mit herausgelöst. Es wird vermutet, dass bei der Lagerung bereits wenige Spuren von DMT-N-Oxid ausreichen, damit sich das gesamte Extrakt schneller orange verfärbt.

Interessant ist gemäß verschiedener Quelle jedoch, dass sich das DMT-N-Oxid beim Rauchen (beim Entzünden mit einem Feuerzeug) in DMT umwandelt. Aus diesem Grund sollte das in der Rekristallisierung zurückgebliebene DMT-N-Oxid nicht als Abfallprodukt betrachtet werden. Laut der Quellen fällt die Wirkung etwas anders aus als bei reinen DMT-Kristallen. Es wäre daher möglich, dass sich beim Verdampfen nicht das gesamte DMT-N-Oxid in DMT umwandelt.

Die Blätter der *Psychotria viridis* enthalten beispielsweise eine relative hohe Menge an DMT-N-Oxid. Eine Extraktion mit Naphtha als Lösungsmittel hätte dann zur Folge, dass nur ein bestimmter Teil der DMT-Alkaloide herausgelöst werden, da DMT-N-Oxid wasserlöslich ist und somit in dem Wasser-/Pflanzen-Gemisch zurückbleibt.

An dieser Stelle gibt es zwei Möglichkeiten:

Lösung 1

Das DMT-N-Oxid wieder in N,N-DMT zurückwandeln. Um das DMT-N-Oxid wieder in das Stamm-Alkaloid der freien Base umzuwandeln, muss zunächst mit Wasser und z.B. Essigsäure eine saure Lösung hergestellt werden. Als Additiv wird der Lösung ein wenig Zinkstaub hinzugegeben. Nun sollte die Mischung bei Raumtemperatur für zwei Stunden kontinuierlich vermischt werden, damit sich der Umwandlungsprozess vollziehen kann. Als nächstes sollte der Zinkstaub abfiltriert und der pH-Wert der Lösung auf 11 erhöht werden. Mit einem unpolaren Lösungsmittel kann das zurückgewonnene N,N-DMT abgesaugt werden.

Lösung 2

Statt Naphtha Ether oder DCM als Lösungsmittel verwenden. Diese Lösungsmittel lösen auch das DMT-N-Oxid.

Dieser Trick kann bei jeder Extraktion angewendet werden und sollte die Erträge für die meisten Pflanzen, welche große Mengen an DMT-N-Oxid enthalten, erheblich steigern.

DMT-Rekristallisierung (Reinigung)

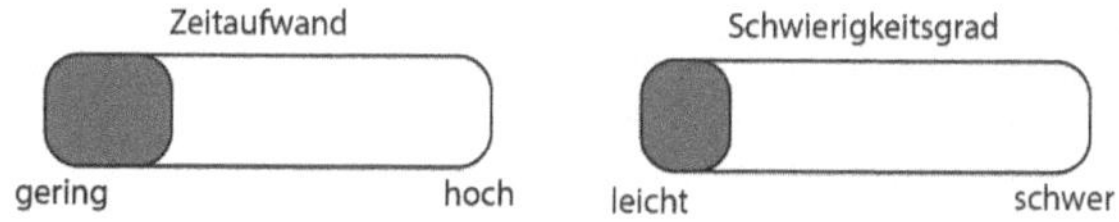

Die Rekristallisation ermöglicht es dem Anwender, eine schnelle bzw. vollständige Reinigung des Extraktes vorzunehmen.

Materialien:

- Kochtopf
- Wasser
- Wasserkocher oder Herdplatte
- Naphtha
- Reagenzglas oder Teeglas
- Pipette oder Plastikspritze
- DMT-Freebase

Schritt 1

Das DMT-Extrakt wird in ein Glas gegeben. Das Glas wird anschließend zu ¼ mit Lösungsmittel (Naphtha) aufgefüllt (30–40 ml pro 1 g DMT).

Glas mit DMT

Glas mit DMT und Naphtha

Im Naphtha gelöstes DMT, mit Verunreinigungen am Glasboden

Die Rückstände nach der Absaugung

Schritt 2

Das Naphtha kann im Wasserbad erwärmt werden. Das Glas wird in das Wasserbad gestellt und das Gemisch solange umgerührt, bis das DMT vollständig im Lösungsmittel gelöst ist. Die Verunreinigungen setzen sich nun am Glasboden ab, da sie nicht vom Naphtha gelöst werden.

Schritt 3

Im nächsten Schritt wird das DMT-haltige Lösungsmittel mittels einer Pipette aufgesaugt und in einen separaten Behälter gegeben.

Es ist darauf zu achten, dass die Verunreinigungen nicht mit der Pipette eingesaugt werden. Der separate Behälter mit dem Lösungsmittel kann jetzt für 6 Stunden in den Gefrierschrank gestellt werden.

Gereinigtes DMT

DMT-Fumarat – von der freien Base zur Salzform

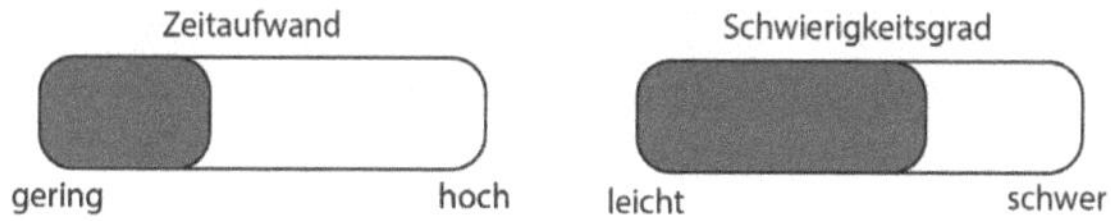

Materialien:
- Freebase-DMT
- Fumarsäure
- trockenes Aceton
- 2 Weingläser
- pH-Teststreifen

DMT-Alkaloide kommen in der Natur als Salze vor. Doch was sind die signifikanten Unterschiede zwischen DMT-Salz und Freebase-DMT?

DMT-Freebase	**DMT-Salzform**
reaktiver (geringere Haltbarkeit)	weniger reaktiv (längere Haltbarkeit)
niedriger Schmelzpunkt (44,6–46,8 °C)	hoher Schmelzpunkt (165–168 °C)
nicht löslich in Wasser	wasserlöslich (schnupfbar, injizierbar)

Die Salzform, insbesondere **DMT-Fumarat,** wird aufgrund ihrer stabilen chemischen Struktur für die Lagerung bevorzugt. Die Kristalle sollten jedoch bei der Lagerung luftdicht verschlossen werden, da sie sonst die Feuchtigkeit aus der Luft aufnehmen und beginnen, wässrig zu werden.

Wenn Freebase-DMT mit einer Säure reagiert, entsteht DMT in Salzform. Hierbei ist jedoch entscheidend, welche Säure verwendet wird. Bedient man sich einer Salzsäure, bildet sich das Salz als **DMT-Hydrochlorid.** Bei Phosphorsäure entsteht **DMT-Phosphat.** Die meisten der DMT-Salze sind schwer zu kristallisieren, mit einigen Ausnahmen. Eine davon ist das **DMT-Fumarat-Salz,** das aus Fumarsäure hergestellt wird und einen entscheidenden Vorteil besitzt:

Denn sowohl Freebase-DMT als auch Fumarsäure sind in Aceton löslich, das DMT-Fumarat-Salz jedoch nicht. Das bedeutet, wenn beide Lösungen in Kontakt kommen, separiert sich das DMT-Fumarat in der Lösung bzw. fällt aus der Lösung aus.

Ist Aceton polar oder unpolar?

»Gleichzeitig besitzt es eine polare Doppelbindung zwischen dem Kohlenstoffatom und dem Sauerstoffatom. Aceton kann sowohl unpolare und einige nicht zu polare Stoffe lösen. Im Vergleich mit Wasser ist seine Polarität zwar geringer, allerdings ermöglicht ihm seine Struktur auch die Lösung von Fetten.« [11]

Schritt 1

Zu Beginn wird die Menge an Freebase-DMT gewogen.

Hinweis:
Reines rekristallisiertes Freebase-DMT verbessert die Qualität des Endprodukts deutlich.

Schritt 2

Die Menge Fumarsäure, die für die Umwandlung benötigt wird, muss berechnet werden.

▶ Empfohlen wird 0,4 x die Menge an DMT. In diesem Fall wären das:
0,4 x 500 mg = 200 mg Fumarsäure.

Beide Pulver werden in verschiedene Gläser gegeben.

Nun werden beide Pulver in 100% trockenem Aceton (siehe Kapitel »Trockenes Aceton – Herstellungsanleitung«) aufgelöst.

▶ Folgende Mengenangaben dienen als Referenz:
25 ml Aceton / 100 mg Fumarsäure
2 ml Aceton / 100 mg Freebase-DMT

DMT links und Fumarsäure rechts

Das DMT (links) wurde in 10 ml Aceton gelöst, die Fumarsäure (rechts) in 50 ml Aceton

pH-Teststreifen

Die Mischung muss gut gerührt werden, damit sich das gesamte Pulver vollständig auflösen kann.

Der pH-Wert der Fumarsäurelösung liegt im sauren Bereich (dunkelblau-violette Färbung) und die DMT-Lösung im basischen Bereich (rötliche Färbung des Teststreifens).

Als Nächstes wird die Fumarsäurelösung mit einer Pipette oder direkt aus dem Glas zur DMT-Lösung hinzugefügt.

Bereits beim ersten Tropfen kann man die Bildung von kleinen, länglichen DMT-Kristallen beobachten.

Wenn beide Lösungen miteinander vollständig vermischt wurden, ergibt sich eine milchige Farbe. Nun wird das Glas abgedeckt, um zu verhindern, dass das Aceton sich in der Luft verflüchtigt.

Innerhalb weniger Minuten bilden sich wunderschöne DMT-Kristalle. Der Kristallisierungsprozess ist in circa einer Stunde abgeschlossen. Dennoch sollte zur Sicherheit das Glas über Nacht stehengelassen werden. Ist dieser Vorgang abgeschlossen, kann die Abdeckung entfernt werden. Das Aceton sollte nun keine milchige, sondern eine klare Farbe aufweisen.

Um die Qualität der Arbeit zu prüfen, kann der pH-Wert des Acetons überprüft werden.

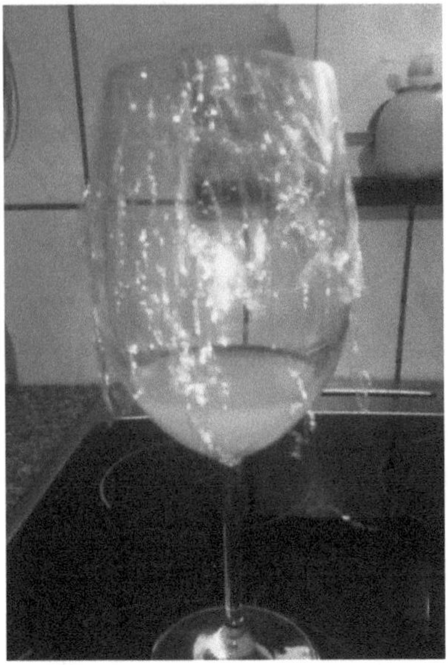

Das abgedeckte Glas

Der pH-Wert sollte sich im leicht sauren Bereich befinden. Wenn der Wert im neutralen Bereich liegt, wurde wahrscheinlich zu wenig Aceton verwendet, wodurch sich nicht genug Freebase-DMT umwandeln konnte.

Zum Schluss muss das Aceton rückstandslos verdampft werden. Dafür wird so viel wie möglich von dem Aceton abgegossen und das Glas für einige Zeit kopfüber auf ein Küchentuch gestellt. Danach sollte es umgehend luftdicht verschlossen werden. Aufgrund des hohen Schmelzpunktes bietet sich auch die Trocknung im Ofen an.

Die letzten Partikel einsammeln

Es könnte vorkommen, dass sich noch ein paar Partikel der Fumarsäure im Glas befinden. Um diese zu entfernen, bedarf es einer kleinen Reinigung.

- Zu den verbliebenen Kristallen wird 10 ml frisches Aceton hinzugefügt. Dadurch wird versucht, die Kristalle, die sich an den Seiten des Glases abgesetzt haben, mit dem Aceton einzusammeln. Danach wird gewartet, bis sich das gesamte DMT-Fumarat am Boden abgesetzt hat.
- Als Nächstes wird das Aceton vorsichtig abgegossen, damit kein Kristall verloren geht. Das Glas kann wieder an die frische Luft gestellt werden, bis sich das gesamte Aceton verflüchtigt hat. Sobald die Kristalle durchgetrocknet sind, kann eingesammelt und anschließend gewogen werden.

Das DMT-Fumarat wiegt in etwa 1,3-mal so viel wie das der Freebase.

DMT-Kristalle im Glas

DMT intravenös – Tripbericht

Hinweis: Tripberichte sind subjektive Erfahrungswerte, die sich aufgrund von Dosis, Set und Setting von Person zu Person erheblich voneinander unterscheiden können.

Der folgende Tripbericht soll die intravenöse Injektion von DMT weder verherrlichen noch verunglimpfen, sondern lediglich die Erfahrung wiedergeben. Anzumerken ist jedoch, dass die intravenöse Injektion erhebliche gesundheitliche Risiken birgt, sollte sie unter mangelhaften hygienischen Bedingungen (kein steriles Besteck, verunreinigtes DMT) durchgeführt werden.

Eine intravenöse DMT-Erfahrung war anders als alles, was ich je erlebt habe. Das erste Mal, als ich die Chance hatte, DMT zu rauchen, hatte ich keinen Durchbruch. Ich muss vorab erwähnen, dass ich in meiner Vergangenheit schon mehrmals Erfahrung mit intravenösem Drogenkonsum hatte. Vor kurzem habe ich die Doku »The Spirit Molecule« gesehen, wo die Testpersonen einen intravenösen Tropf mit DMT erhielten. Als mein Verlobter damals vorschlug, wir sollten es ebenfalls spritzen, dachte ich: »Warum nicht? Es ist eine einmalige Erfahrung.«

Ich war sehr nervös und aufgeregt, aber ich konnte es nicht ohne die Hilfe meines Verlobten tun, der bereits ohne mich angefangen hatte. Er sagte, dass ich auf ihn warten müsse (was ich NICHT tun wollte, weil ich wusste, dass mich das Warten wahnsinnig macht). Ich bin nicht stolz darauf, aber sobald mein Verlobter »zurück« war, bat ich ihn, mir zu helfen. Trotz all meines Gejammers war sein Trip sehr positiv verlaufen.

Schließlich setzte er die Spritze an und drückte sie nach unten. Sofort hörte ich ein lautes Summen, das immer lauter wurde und plötzlich fühlte es sich an, als würde ich aus meinem Körper gerissen werden. Alles war schwarz-weiß, und ich hatte keine Ahnung, wo ich war oder wie ich dorthin gekommen bin, aber ich wollte wieder zurück. Plötzlich zog ich eine Schublade in meinem Kopf auf, als ein klassisches Smiley zwinkerte und mir die Zunge herausstreckte, als würde es sich einen Scherz mit mir erlauben. Dann platzte alles und eine Stimme sagte: »Du hast es gefunden! Du hast es gefunden! Du hast den Schlüssel gefunden!« In diesem Moment erinnerte ich mich daran, was ich getan hatte und dass ich DMT injiziert hatte.

Sofort verschwand alles und ich schwebte in der Dunkelheit. Alles ging langsam nach unten. Es gab eigentlich keine Visuals mehr, aber ich war nicht in meinem Körper. Ich schwebte nur im Nichts, vielleicht mit ein paar schwebenden Lichtspektren. Etwas redete mit mir. Beruhigte meine Seele. Es sagte mir, ich solle einfach aufhören und zuhören. Also tat ich, was es sagte. Als nächstes kam das schönste und perfekteste Lied, das ich je gehört hatte. Es war das Lied des Universums. Ich war beeindruckt. Alles war perfekt in der Zeit. Vom Kratzen meines Hundes über das Abtropfen der Spüle, über die Grillen draußen bis zu meinem rhythmischen Herzschlag. Während dieser Zeit führte mich die Stimme, als wollte sie sagen: »Kannst du es hören?« Ich saß da und staunte, wie schön es war und wie deutlich die Botschaft vermittelt wurde, bis sie verblasste und ich plötzlich aus meinem Trip herausgerissen wurde. Es gab noch visuelle Nachwirkungen und ich empfand ein tiefes Gefühl des Friedens, das ich wahrscheinlich nie wieder so replizieren kann.

Dies geschah 2013/14, doch meine Erinnerungen sind noch heute so deutlich, als wäre es gestern passiert. Das Lied ist leider verblasst, aber manchmal habe ich das Gefühl, ich kann es immer noch hören. Bis heute kann ich mit hundertprozentiger Sicherheit sagen, dass dies die beste psychedelische Erfahrung war, die ich je hatte. Ich empfehle NICHT, das zu tun, was ich getan habe, und ich befürworte es auch nicht, aber es gibt immer mehr zu entdecken und mehr Grenzen, an die man sich herantasten kann. Warte einfach, sei geduldig und bald wirst du es auch verstehen.

P.S.: Es ist noch erwähnenswert, dass mein Verlobter eine sehr ähnliche Erfahrung gemacht hat.

DMT in der E-Zigarette – was ist zu beachten?

Da die E-Zigarette immer populärer wird, ist es an der Zeit, auch dieses Thema ausführlich zu behandeln.

Aufgrund ihrer einfachen Handhabung hält die E-Zigarette neue spannende Anwendungsmöglichkeiten bereit. Insbesondere das Nachdosieren wird durch die feuerzeugfreie Anwendung deutlich erleichtert. Auch können Giftstoffe, die bei der Verbrennung mit einem Feuerzeug entstehen, reduziert werden. Und sogar der Geschmack lässt sich mithilfe von natürlichen Aromen verändern. Doch nicht jede E-Zigarette ist zum Verdampfen von Extrakten geeignet und sollte daher mindestens das folgende Setup aufweisen.

Setup E-Zigarette

- ein Mod, wie z.B. das SMOK AL85 Kit (jedes Modell mit mindestens 80 Watt reicht aus)
- eine 18650–Batterie für diesen Mod
- E-Liquid 50–50 PG/VG 0 mg Nikotin (es kann mit Minze aromatisiert werden, ist jedoch nicht unbedingt nötig).

Benötigte Utensilien

- DMT (Freebase)
- ein kleines Glas zum Mischen
- eine Keramikschale oder einen kleinen Topf mit heißem Wasser
- eine kleine Spritze (5 ml)

Das SMOK AL85 Kit ist ein Kit, mit dem sich wunderbar arbeiten lässt. Die Einstellungen am Mod werden auf 260 °C und 45 Watt vorgenommen. Preiswerte Geräte (manchmal auch als »Vape Pens« bezeichnet) bieten nicht genügend Leistung, um ausreichend Dampf zu erzeugen.

Der Mod

Die meisten modernen Mods unterstützen mindestens zwei Modi:

Variable Leistung: Bei diesem Modus wird die Spule kontinuierlich mit Strom versorgt, solange die Taste gedrückt wird (wodurch die Spule zunehmend heißer wird).

Temperature Control (oft als TC abgekürzt): In diesem Modus wird eine vom Benutzer voreingestellte Temperatur beibehalten. TC ist der bevorzugte

Modus für das Verdampfen von DMT etc. Wichtig ist also, einen Mod auszuwählen, der TC unterstützt und idealerweise mit einer Nickel-, Titanium- oder Edelstahlspule verwendet werden kann. Da es sich bei der Standardspule um eine Edelstahlspule handelt, sollte diese Option gewählt werden.

Der Zerstäuber

Der Zerstäuber ist sozusagen eine Kombination aus einer Spule und einem Docht, der eine Flüssigkeit zerstäubt (verdampft), sodass sie eingeatmet werden kann. Zerstäuber lassen sich in zwei allgemeine Kategorien einteilen: Dripper und Tanks.

Ein Dripper (Tröpfelverdampfer) wird normalerweise als **RDA (Rebuildable Dripping Atomizer)** bezeichnet. Um verdampfen zu können, wird bei einem Dripper das Liquid direkt auf den Docht »getropft« bzw. »getröpfelt«. Nach wenigen Zügen (ca. 5–10) muss dieser Vorgang jedoch wiederholt werden, da der Docht irgendwann trocken ist.

Hinweis: Falls der Zerstäuber einen Luftstromkontrollring hat, sollte er so eingestellt werden, dass einige Sekunden benötigt werden, um Luft zu bekommen.

Tanks

Tanks fassen in der Regel zwischen 2 und 5 ml Flüssigkeit und sind in zwei Ausführungen erhältlich: RTAs (Rebuildable Tank Atomizers) und Tanks mit vorgefertigten Werksspulen, die bei Bedarf ausgetauscht werden können. Beide sind geeignet, um DMT zu verdampfen.

Ein Tank mit vorgefertigten Spulen ist für E-Zigaretten-Neulinge die einfachste Option. Es ist jedoch zu beachten, dass Spulen gewählt werden, die einen niedrigen Widerstand (unter 1 Ohm) haben. Die Spule des SMOK AL85 Kit hat 0,4 Ohm und ist damit perfekt für unser Vorhaben geeignet.

Liquid-Grundlagen

Die Grundkomponenten von E-Zigaretten-Liquid sind Propylenglykol (PG) und veganes Glycerin (VG) sowie Aromen und wahlweise Nikotin.

Propylenglykol (PG) ist ein ausgezeichneter Geschmacksträger. Es ist bei Raumtemperatur ziemlich dünnflüssig, erzeugt relativ wenig Dampf und ist beim Inhalieren deutlich in der Lunge zu spüren.

Pflanzliches Glycerin (VG) erzeugt einen dichten Dampf, der sehr angenehm zu inhalieren ist. Es ist bei Raumtemperatur zähflüssig und trägt den Geschmack nicht annähernd so gut wie PG.

Um DMT zu verdampfen, sollte das Verhältnis irgendwo zwischen 50% und 70% VG liegen. Verschiedene Quellen berichten, dass sich DMT in PG besser auflöst, daher ist ein hoher Anteil an VG-Liquid nicht ideal. Empfohlen wird auch ein Liquid ohne Nikotin.

Hinweis: Ein Liquid mit einer kleinen Menge an Menthol ist wesentlich angenehmer zu rauchen, was bei einem Durchbruch sehr hilfreich sein kann.

Die Zubereitung

Kombiniere VG mit PG in einem 50:50-Mischverhältnis.

1 g Freebase-DMT kommen auf etwa 2 ml Liquid. Wie bereits angesprochen, können noch ein paar Tropfen Menthol hinzugefügt werden. Dieses Mischverhältnis führt höchstwahrscheinlich mit nur wenigen Zügen zum Durchbruch. Ist der Durchbruch nicht das angestrebte Ziel, so kann das Mischungsverhältnis von Liquid zu DMT erhöht werden. Je höher das Mischungsverhältnis, desto größer ist die Kontrolle über die Reise.

Um das DMT mit dem Liquid zu mischen, kann wie folgt vorgegangen werden:

- Im ersten Schritt wird die verwendete Menge des Liquids in ein Glas gefüllt.
- Das befüllte Glas wird in einen Topf mit heißem Wasser (ca. 60–70 °C) gestellt (durch die Wärme löst sich das DMT schneller im Liquid auf).
- Sobald das Liquid warm geworden ist, kann das DMT dem Liquid hinzugefügt und vermischt werden. Das Vermischen sollte weniger als eine Minute in Anspruch nehmen.
- Das DMT-haltige Liquid kann dann in den Tank der E-Zigarette gegeben werden.
- Fertig!

Kristallgrowing – so wachsen große Kristalle

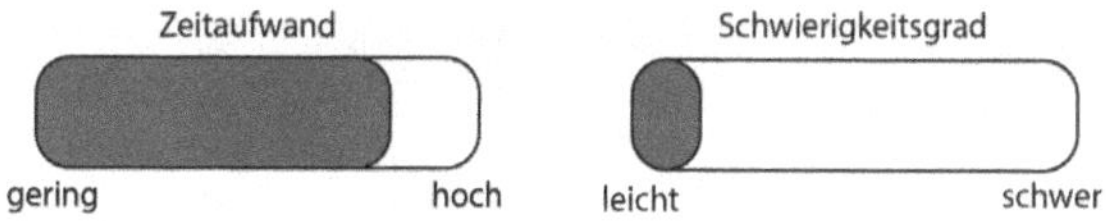

Materialien
- Lösungsmittel (Wundbenzin, Naphtha)
- Weinglas
- Freebase-DMT
- Topf
- kleines Glas
- Herd/Wasserkocher (zum Erhitzen des Wassers)
- Pipette (nicht unbedingt notwendig)
- Frischhaltefolie

Der Kristallzüchtungsprozess ist fast identisch mit dem Prozess der Rekristallisierung. Der Unterschied besteht lediglich im abschließenden Trennverfahren. Während bei der Rekristallisierung das DMT mit der Gefrierfällung am Ende des Prozesses »zurückgewonnen« wird, wird es bei der Kristallzüchtung lediglich verdampft.

Je langsamer die Verdampfung, desto größer sind die Kristalle. Rekristallisiertes, also gereinigtes DMT, bildet deutlich größere Kristalle. Das liegt daran, dass keine Verunreinigungen deren Wachstum stören.

▶ Auch das Gefäß, das man für das Kristallwachstum verwendet, ist ausschlaggebend für die Form und Größe der Kristalle. Am besten geeignet ist ein neues **Weinglas,** welches keine Kratzer aufweist, denn jeder Kratzer und jede Unvollkommenheit im Glas bieten den DMT-Molekülen einen Ort zum Anheften; so entstehen viele kleine Kristalle an Stelle eines großen.

Selbstverständlich muss es kein Weinglas sein, jedoch lassen sich damit erfahrungsgemäß die schönsten Ergebnisse erzielen.

1. Zu Beginn muss die gewünschte Menge an Freebase-DMT abgewogen werden, die für das Kristallgrowing verwendet werden soll.
2. Das DMT wird anschließend in ein Glas oder einen geeigneten Behälter gegeben.
3. Nun wird die Menge an Lösungsmittel abgemessen. Als Orientierung: 50–60 ml/g DMT.

Es wurden 0,5 g Freebase-DMT verwendet

Für das Kristallgrowing ist es besser, lieber etwas mehr als zu wenig Lösungsmittel zu verwenden.

4. Nun wird das DMT dem Glas mit dem Lösungsmittel hinzugefügt. Das Ganze wird solange gerührt, bis sich das DMT vollständig im Lösungsmittel aufgelöst hat. Für ein schnelles Auflösen sollte das Glas zuvor in ein Wasserbad mit heißem Wasser gestellt werden (siehe Abbildung).

Glas im Wasserbad

Dieser hübsche Kristall wiegt 3,8 Gramm

Wenn das Wasser zu stark abkühlt, kann neues Wasser hinzugegeben werden. Nach kurzer Zeit des Umrührens wird man, wie bei der Rekristallisierung, einen öligen Rückstand am Boden des Glases feststellen.

Diese Rückstände sind oftmals DMT-N-Oxid sowie Öle und Fette des Ausgangsmaterials.

5. Als Nächstes kann das Lösungsmittel (ohne die Verunreinigungen) in das Kristallzuchtglas gegeben werden.
Damit das Lösungsmittel nicht zu schnell verdampft, muss das Glas zum größten Teil abgedeckt werden. Dafür eignet sich eine Frischhaltefolie oder ein Bierdeckel.

Das abgedeckte Glas kann bei Zimmertemperatur dunkel gelagert werden. Nach ein paar Tagen dürfte das Lösungsmittel verdunstet sein und zurück bleibt ein wunderschöner DMT-Kristall.

*Phalaris-aquatica-*Blüte

Phalaris – DMT-Lieferant der Zukunft

Der folgende Text erhebt keinen Anspruch auf Vollständigkeit. Er dient vielmehr als übersichtliche Zusammenfassung bisheriger Forschungsergebnisse und Erfahrungen mit *Phalaris*-Gräsern.

Es wächst schier überall, ist jederzeit zu ernten und mit einigen wenigen Handgriffen in ein potentes, rauchbares Extrakt zu verwandeln.[12]

Auf allen Kontinenten, mit Ausnahme der Antarktis, wachsen verschiedene *Phalaris*-Arten. Sie können in einer Vielzahl von Lebensräumen gefunden werden: unter dem Meeresspiegel, tausende Fuß über dem Meeresspiegel, in feuchten Sumpfgebieten bis hin zu trockenen Orten und sogar als invasive Arten in Feuchtgebieten.

Heimische *Phalaris*-Arten, wie die *Phalaris arundinacea*, werden seit einigen Jahren als potenzielle Quelle für diverse Indolalkaloide betrachtet, darunter DMT (N,N-Dimethyltryptamin), 5-MeO-DMT (5-Methoxy-N,N-Dimethyltryptamin) und weitere Tryptamine, die je nach Art, Wachstumsphase und Wachstumsbedingungen in stark wechselnder Zusammensetzung auftreten können.

Dass *Phalaris*-Arten als Psychedelika benutzt werden können, ist eine relativ neue und noch kaum publizierte Theorie und wurde eigentlich erst durch die phytochemische Analyse der Gräser für die Landwirtschaft bekannt. Eine Untersuchung war notwendig, da man eine toxische Wirkung auf Weidevieh vermutete. Und tatsächlich stellte sich heraus, dass ein in der Pflanze (vor allem bei den Arten *arundinacea* und *aquatica*) enthaltenes Indolalkaloid namens Gramin (Donaxin), in größeren Mengen konsumiert nachteilige Effekte auf Weidevieh (Wiederkäuer) ausübt.

▶ Die Symptome werden allgemein als **»Phalaris staggers«** (deutsch = »Phalaris-Stolperer«) bezeichnet und äußern sich in Kopfzittern, einem Verlust der Koordination und einem totalen Ausfall der motorischen Fähigkeiten. Bei einer extremen Dosis kann der Tod nach wenigen Stunden durch Herzstillstand eintreten, bei geringeren Dosierungen über einen längeren Zeitraum auch noch fünf Monate danach. Autopsien bei stark betroffenen Rindern haben ergeben, dass Teile des Gehirns beschädigt sind und Anhäufungen von dunkelgrün-braunen Pigmenten in renalen Tubulusepithelzellen aufweisen.

Dennoch scheint Gramin nicht als einzige Ursache für »Phalaris staggers« in Betracht zu kommen. Studien haben gezeigt, dass kontrollierte Injektionen von DMT schon in niedrigen Dosierungen für Schafe tödlich sein können und zu erheblichen Problemen bei der neuronalen Informationsübertragung führen. Warum Schafe und Menschen unterschiedlich auf DMT reagieren, ist noch nicht geklärt.

Alkaloide wie DMT sind Serotoninagonisten, das bedeutet, sie aktivieren bestimmte Serotoninrezeptoren und verändern die Signalübertragung. So lassen sich auch die Symptome der »Phalaris staggers« besser verstehen. Wenn man bedenkt, dass ein normales Schaf im Schnitt 10 kg frisches Gras am Tag frisst und Rinder sogar bis zu 80 kg, so sind Ausfallerscheinungen in diesem Zusammenhang nicht wirklich verwunderlich. Außerdem ist auch zu erwähnen, dass Forscher in *Phalaris arundinacea* ebenfalls β-Carboline (MAOI) nachweisen konnten (ein Alkaloid, das bei Menschen den Abbau von DMT verlangsamt und die orale Einnahme erst wirksam macht; siehe Kapitel »MAO-Hemmer«).

Bisher konnten die Symptome der »Phalaris staggers« nur bei Weidevieh, insbesondere bei Wiederkäuern beobachtet werden. Für den Menschen hat Gramin jedoch keine toxikologische Relevanz.

Die negativen Auswirkungen der »Phalaris staggers« führten zu einer großen Anzahl an chemischen Untersuchungen, insbesondere bei den Arten *P. arundinacea* und *P. aquatica*. 1958 wurde dann zum ersten Mal 5-MeO-DMT in *Phalaris* nachgewiesen sowie weitere Inhaltstoffe:

N-Methyltryptamin (MMT)
5-Methoxy-N-methyltryptamin (5-MeO-MMT)
N,N-Dimethyltryptamin (DMT)
5-Methoxy-N,N-dimethyltryptamin (5-MeO-DMT)
5-Hydroxy-N,N-dimethyltryptamin(Bufotenin, 5-HO-DMT)
5-Methyltryptamin
5-Methoxytryptamin
2-Methyl-1,2,3,4-tetrahydro-β-carbolin (MTHC), nicht in *P. aquatica*
2-Methyl-6-methoxy-1,2,3,4-tetrahydro-β-carbolin (MMTHC)
2,9-Dimethyl-6-methoxy-1,2,3,4-tetrahydro-β-carbolin (DMTHC)
Gramin (für Menschen nicht giftig!)
7-Methoxygramin
5,7-Dimethoxygramin
Hordenin

Einige der oben erwähnten Inhaltstoffe, wie N-Methyltryptamin, 5-Methyltryptamin, 7-Methoxygramin etc., sind nur in bestimmten Wachstumszyklen nachweisbar, wahrscheinlich als Biosynthesestoffe für andere Indolalkaloide. In sehr geringen Konzentrationen (5 % der Gesamtalkaloide) wurden auch β-Carboline nachgewiesen, die lediglich einen Anteil von 0,0003 % des Trockengewichts ausmachten.

Erkenntnisse aus *Ayahuasca-like effects of italian plants* (Ayahuasca-ähnliche Wirkung italienischer Pflanzen)

Die italienischen Forscher Festi und Samorini führten im Sommer 1993 Untersuchungen verschiedener *Phalaris*-Arten (*P. aquatica, P. paradoxa, P. coerulescens, P. truncata, P. canariensis*) durch.

▶ Die Samen von *P. aquatica, paradoxa* und *coerulescens* stammten aus einer wilden und natürlichen Umgebung aus Bologna (Italien). Die Samen von *P. coerulescens* und *P. truncata* stammten aus einem Botanischen Garten in Frankreich und die von *P. canariensis* stammten von einer kommerziellen Sorte aus Deutschland. 20–30 Tage nach der Keimung unterzogen sie die Exemplare einer Papierchromatographie. Die Forscher fanden heraus, dass alle Proben, selbst die, die aus kommerzieller Nutzung stammten, Indolalkaloide enthielten. Daraufhin wendeten sie ein einfaches Extraktionsverfahren bei *Phalaris aquatica* an und kamen auf einen Alkaloidgehalt von etwa 1% der Trockenmasse.

1994 stellten sie weitere Forschungen an. Gegenstand der Untersuchung waren sieben verschiedene Arten: *P. aquatica., P. arundinacea., P. brachystachys, P. canariensis, P. coerulescens, P. minor, P. paradoxa, P. stenoptera* und *P. truncata.*

▶ Bei allen sieben Arten stellte N,N-DMT so gut wie immer das Hauptalkaloid dar. *P. brachystachys* und *P. minor* schienen sogar nur dieses Indolalkaloid zu enthalten, während die Konzentration bei *P. brachystachys* deutlich höher war als bei *P. minor.* Bufotenin (5-HO-DMT) wurde in allen anderen Arten in sehr niedriger Konzentration gefunden. DMT wurde in den Arten *P. paradoxa, P. truncata* und *P. aquatica* gefunden, wobei nur in der Art *P. aquatica* die Konzentration ein signifikantes Level erreichte. Auch 5-MeO-DMT zeigte eine gestreute Verteilung unter den analysierten Proben von *P. truncata, P. canariensis* und *P. aquatica.*

Es wird jedoch darauf hingewiesen, dass diese Forschung kein endgültiges Ergebnis darstellt. Um den Alkaloidgehalt einer Sorte in einem bestimmten Stadium der Entwicklung zuverlässig vorausbestimmen zu können, werden in Zukunft noch wesentlich mehr Forschungsarbeiten zu diesem Thema notwendig sein, und ich hoffe, dass dieses Buch noch mehr Hobby-Forscher dazu inspirieren wird.

Relative alkaloids content of some European *Phalaris*: preliminary data
(HPLC analysis by Fabio Calligaris)

	DMT	MMT	5-Meo-DMT	5-OH-DMT
P. aquatica (AQ1)	△△△△△	△	▵	†
P. aquatica (Commercial)	▵	▵		†
P. arundinacea (France)	△			†
P. brachystachys (Portugal)	△△△△△			
P. canariensis (Portugal)	△△		†	†
P. minor (Portugal)	†			†
P. paradoxa (Romania)	△▵	†		†
P. truncata (France)	▵	†	†	†

△ = Detectable amount   † = Trace amount

Aus: *Ayahuasca-like effects obtained with Italian plants* von Francesco Festi & Giorgio Samorini

Alkaloidgehalt unter veränderten Wachstumsbedingungen

Wissenschaftler haben versucht, die Wachstumsparameter zu bestimmen, die für einen erhöhten Alkaloidgehalt bei *P. aquatica* und *P. arundinacea* verantwortlich sind. Überraschenderweise ähneln die vorgeschlagenen Nährlösungen denen, die den Tryptaminspiegel sowohl bei der Morgenrebe, der Holzrose als auch bei Peyote steigern sollen.

- Es wurde aufgezeigt, dass bestimmte Faktoren wie Schattierung, Stickstoffaufnahme und Temperatur den Alkaloidgehalt beeinflussen. Dabei soll die Verschattung den Alkaloidgehalt in *P. aquatica* erhöhen. Die optimale Schattierung scheint 15–25% der Stärke des vollen Sonnenlichts zu sein. Leider führt dies auch zu einem deutlichen Wachstumsrückgang. Exemplare der *P. arundinacea,* die unter lediglich 20% des vollen Sonnenlichtes gewachsen sind, konnten einen zweimal so hohen DMT-Spiegel vorweisen als Exemplare der Kontrollgruppe. Wissenschaftler vermuten, dass sich so die 5-MeO-DMT-Produktion unter denselben Bedingungen um den Faktor 25 erhöhen könnte.
- Eine hohe Temperatur steigert den Alkaloidgehalt im Vergleich zu niedrigen Temperaturen nur geringfügig. [13]
- Ebenfalls wurde beobachtet, dass eine erhöhte Stickstoffversorgung den Alkaloidanteil erhöht. Die Auswertung der Daten lässt darauf schließen, dass sich der Alkaloidgehalt durch die Behandlung mehr als verdoppelte. Interessanterweise hat sich bei dieser Auswertung der 5-HO-DMT-Spiegel nicht signifikant erhöht. Das lässt wiederum vermuten, dass bestimmte Wachstumsfaktoren eine selektive Erhöhung bestimmter Alkaloide ermöglichen.
- Unter anderem wird vermutet, dass die Reife der Pflanze den Alkaloidspiegel beeinflusst. Die maximalen Alkaloidspiegel wurden während des Frühjahrswachstums und in der Samenausscheidungsphase beobachtet. Zu diesen Zeiten erwies sich der Alkaloidspiegel mehr als dreimal so hoch. Nachwachsen nach dem Weiden oder Mähen zeigt auch einen erheblichen Anstieg der Alkaloide. Dennoch können bislang kaum ausgetestete Pflanzen körperlich unverträgliche oder gar schädigende Substanzen enthalten, von denen wir noch nichts wissen. Bei einem Pflanzenextrakt mit unbekannten Stoffen ist immer äußerste Vorsicht geboten!

Vorkommen und Selektion

Die meisten *Phalaris*-Arten bevorzugen feuchte, nährstoffreiche bzw. sauerstoffreiche Standorte wie Flussufer, Gräben, Seen, Tümpel, feuchte Wiesen und Auenböden. Stehende Gewässer mag die Pflanze hingegen nicht so gerne. *Phalaris* ist in der Regel ein lichtliebendes, jedoch auch Halbschatten vertragendes Gras.

Bei der Suche nach einer geeigneten *Phalaris*-Pflanze möchte man möglichst potentes Gras mit einem hohen Tryptamin-Gehalt ausfindig machen. Einfach eine *arundinacea* zu verwenden, die im Garten seit mehreren Monaten wächst, ist meistens völlig sinnlos. Die verschiedenen Genotypen haben völlig unterschiedliche Alkaloid-Profile, und nur sehr wenige Arten wie *P. brachystachys* oder *P. aquatica* zeigen ein sauberes DMT-Profil. Es ist daher ratsam, von vornherein nach diesen Arten zu suchen.

▶ Der höchste Alkaloidgehalt konnte bei frisch gewachsenen Pflanzen beobachtet werden. Es ist daher ratsam, die Pflanzen vorher zu schneiden, bevor sie geerntet werden. Generell gilt, alle frisch gewachsenen Pflanzen enthalten die meisten Alkaloide. Pflanzen, die der prallen Sonne ausgesetzt sind, können viel DMT-N-Oxid enthalten. Das heißt, wenn die Pflanze nicht im Schatten stand, sollte man eventuell eine Rückkonversion (Reduktion) beim Extrahieren vornehmen (siehe Kapitel »Ertrag der Extraktion steigern«). Dies kann aber anhand der Farbe des Extraktes besser beurteilt werden.

Nach den Erkenntnissen von Festi und Samorini enthalten selbst kommerzielle *Phalaris*-Sorten Alkaloide. [14] Es ist vorher jedoch nicht abzuschätzen, in welcher Konzentration diese vorliegen. Selbst wenn man sich die Mühe macht und 1 Kilo *P. arundinacea* sammelt, kann die Menge an Alkaloiden so verschwindend gering sein, dass sich der ganze Aufwand nicht lohnt. Bedenke, wie viel Zeit es in Anspruch nimmt, 1 kg robustes Gras zu zerkleinern, mehrfach einzufrieren, es wieder zu zerkleinern und dann mit der S/B-Methode zu extrahieren. Wer dies einmal durchgezogen hat, möchte sich diese Tortur zukünftig ersparen. Aus diesem Grund ist eine vorherige Selektion nach den oben genannten Kriterien unbedingt zu empfehlen. Um sich Zeit zu ersparen, sollte noch vor der Extraktion mit einer chromatographischen Methode (siehe Kapitel »Phytochemische Analyse von Pflanzen«) der Alkaloidgehalt der Pflanze untersucht werden.

Phalaris brachystachys

Auf der Suche nach einer sicheren und fast unerschöpflichen DMT-Quelle gilt *Phalaris brachystachys* als eine der vielversprechendsten Anwärterinnen. Bei der Untersuchung, die von Festi und Samorini durchgeführt wurde, wies sie den reichsten Gesamtalkaloidgehalt auf. Es wurde auch berichtet, dass sie ein sehr wirksames und sauberes Alkaloidprofil enthält, das meistens, wenn auch nicht ausschließlich, aus N,N-Dimethyltryptamin besteht.

▶ Laut kursierender Gerüchte soll ihr Alkaloidgehalt unter bestimmten Bedingungen stolze 3% betragen! Zum Vergleich: Die Wurzelrinde von *Mimosa tenuiflora*, die als bewährte Quelle für die DMT-Extraktion betrachtet wird, enthält ca. 0,5 bis 1,0% DMT. Die Tryptaminkonzentration bei *P. brachystachys* könnte somit um das Zwei- bis Dreifache höher sein! Nach unserer Recherche ist diese Angabe jedoch etwas zu hoch angesetzt. Diverse Quellen berichten von einem Alkaloidanteil, der 1,5% nicht übersteigt. Wie bereits erwähnt wurde, sind Wachstumsphase und die jeweiligen Wachstumsbedingungen ausschlaggebend für den Alkaloidgehalt und ihre Zusammensetzung, daher lässt sich nicht völlig ausschließen, dass ein Alkaloidgehalt von 3% unter optimalen Bedingungen möglich ist. Auch hier sind weitere Forschungen notwendig, um das volle Potenzial dieser Pflanze genauer benennen zu können

Phalaris-Extraktion (S/B)

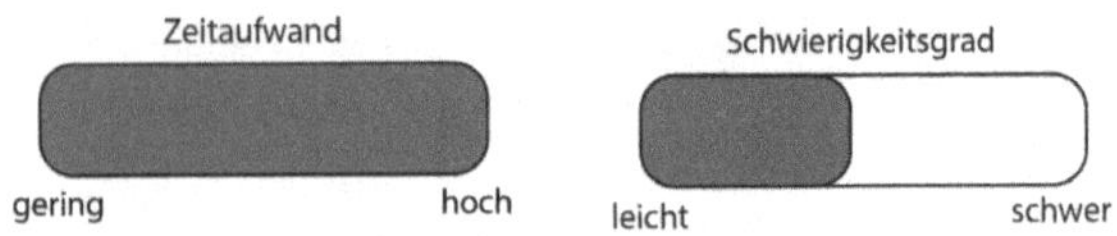

Materialien

- Essigessenz
- entweder: Methylchlorid, Äther, Chloroform, Naphtha oder Waschbenzin zum Entfetten (ca. 400 ml)
- Scheidetrichter (hilfreich, aber nicht notwendig) oder Pipette
- Ätznatronkristalle (NaoH)
- bis zu 1,5 l Naphtha oder Waschbenzin (je nach Menge des pflanzlichen Materials)
- Baumwolltuch/Käsetuch
- Kaffeefilter
- große Einmachgläser oder große Kanister

Ansäuern

1. Der Graszuschnitt muss möglichst fein pulverisiert werden. Um die Zellwände des Pflanzenmaterials aufzubrechen, hilft es, das Material über Nacht einzufrieren, es am nächsten Tag aufzutauen und erneut einzufrieren. Nach 2–3 Durchgängen kann das pflanzliche Material im gefrorenen Zustand mit einem Mixer zerkleinert werden.

Phalaris eingefroren

2. Man gibt den entstandenen Brei in einen Topf und fügt so viel Wasser hinzu, bis eine gießfähige Masse entsteht. Anschließend wird eine Säure hinzugefügt, bis der pH-Wert bei 5 oder darunter liegt.

   ▶ Essigessenz oder einfache Zitronensäure sind hierfür gut geeignet. Essigessenz hat einen pH-Wert von 3 und Zitronensäure von 2,4.

   Um die Reaktion zu erleichtern, kann man den sauren Pflanzenbrei für 3–4 Stunden mit geschlossenem Deckel köcheln lassen. Die Flüssigkeit soll dabei nicht verdampfen.

Phalaris-Pflanzenbrei

Filtrierung

3. Nun filtriert man das Material durch ein Baumwolltuch/Käsetuch und anschließend durch einen Kaffeefilter aus Papier.

   Nach der Filtrierung kann die Pflanzenmasse separat gelagert werden.

▶ Um wirklich alle Alkaloide aus der Pflanze zu lösen, kann die Pflanzenmasse ein weiteres Mal eingekocht und filtriert wer den (Schritt 2 und 3). Die Alkaloide befinden sich nun aufgrund ihrer wasserlöslichen Eigenschaft in der wässrigen gefilterten Lösung.

Entfetten

4. Nun wird der wässrigen Lösung ein geringer Prozentsatz (10–15%) eines Entfettungsmittels wie Methylenchlorid, Waschbenzin oder Naphtha hinzugegeben. Dieser Schritt dient dazu, Öle und Fette, die sich in der Lösung befinden, zu entfernen.

   Die beiden Flüssigkeiten werden nun in einen Scheidetrichter gefüllt und nach dem Verschließen gut vermischt (geschüttelt). Nun stellt man den Scheidetrichter zur Seite und wartet, bis sich die Flüssigkeiten wieder voneinander getrennt haben (das Schütteln und Trennenlassen sollten mehrere Male wiederholt werden).

5. Nachdem sich die Flüssigkeiten getrennt haben, öffnet man den Hahn und lässt die untere Schicht in ein separates Gefäß ablaufen. Kurz bevor die sinkende obere Schicht den Abfluss erreicht, wird dieser verschlossen.

▶ Beim Schütteln und Vermischen der Flüssigkeiten sind die Fette und Öle (die wir entfernen wollten) in das Lösungsmittel gewandert. Je nach Lösungsmittel kann diese über oder unter der wässrigen Schicht liegen. Wundbenzin und Naphtha würden zum Beispiel darüber liegen, während Methylenchlorid nach unten sinkt.

Wird nicht mit einem Scheidetrichter gearbeitet, muss das Lösungsmittel wie in den Extraktionen zuvor aus einem geeigneten Behälter mit einer Pipette abgesaugt werden.

Basifizierung

In den folgenden Schritten werden die DMT-Salze in ihre freie Basenform (Freebase) umgewandelt, die dann nicht mehr im Wasser löslich sind.

6. Nun wird der Lösung eine Base zugeführt. Hierfür eignen sich, wie bereits in den vorherigen Extraktionen, Ätznatron-Kristalle (NaOH).

   Das Natriumhydroxid sollte in kleinen Schritten und unter ständigem Rühren der wässrigen Lösung zugegeben werden (solange rühren, bis sich alles aufgelöst hat). Nach jeder Zugabe prüft man den pH-Wert, bis ein Wert von 12 erreicht ist. Hier ist Geduld und Augenmaß erforderlich.

7. Jetzt kann die freie Base mit einem Lösungsmittel eingefangen werden. Etwa 10% des Gesamtvolumens der Lösung sollte aus Lösungsmittel bestehen.

   ▶ Beispiel: Bei einem Volumen von 1000 ml wird 100 ml Lösungsmittel hinzugefügt.

   Für diesen Schritt eignet sich ein großes Einmachglas mit verschraubbarem Deckel, damit keine Flüssigkeit austreten kann.

   Nachdem das Lösungsmittel der wässrigen Lösung hinzugegeben wurde, müssen beide Phasen miteinander vermischt werden. Dazu wird der Behälter fest verschlossen und etwa 5 Minuten lang geschüttelt. Das Schütteln sollte mindestens 2 weitere Male wiederholt werden. Wenn sich die Schichten nach dem Schütteln wieder voneinander getrennt haben, kann das Lösungsmittel abgesaugt und in einen separaten Behälter gegeben werden.

   Nach der Trennung kann die basische Lösung mit etwas Säure und Leitungswasser neutralisiert und anschließend entsorgt werden.

8. Das Lösungsmittel ist nun voll mit Alkaloiden. Man kann es jetzt hervorragend in einer großen Auflaufform – im offenen Raum und fern von Flammen oder Funken y– verdunsten lassen. Die Alkaloide können anschließend vom Boden der Auflaufform abgekratzt werden.

   Hinweis: Das enthaltene Gramin ist nicht in Naphtha oder unpolaren Lösungsmitteln löslich. Somit verbleibt es in der wässrigen Lösung und wird nicht extrahiert. Gramin ist z.B. in D-Limonen löslich.

Die gesamte Extraktion wird so oft wiederholt, bis alle Alkaloide aus dem Ausgangsmaterial gelöst wurden. Erfahrungsgemäß werden beim ersten Durchgang etwa 80% der Alkaloide gelöst.

Phalaris-Extrakt aus der Saftpresse

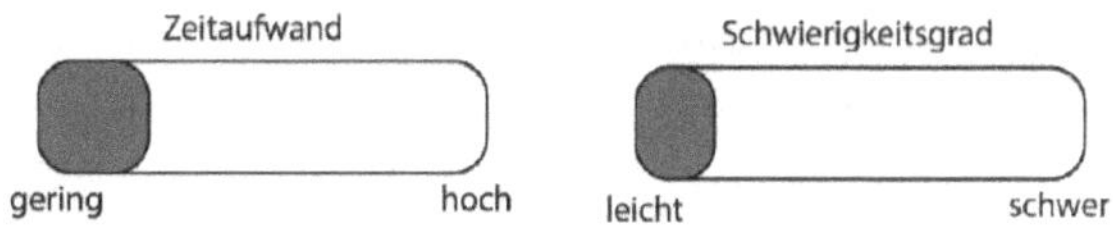

Materialien:
- Saftpresse
- Einmachgläser

Saftpresse oder Weizengrasentsafter könnten »komplizierte« chemische Extraktionsverfahren bei *Phalaris*-Gras oder anderen psychoaktiven Pflanzen (z.B. *Salvia divinorum*) überflüssig machen. Den dunkelgrünen Saft herauszupressen, ist ein recht neuer Ansatz und kann unter Berücksichtigung einiger Parameter eine vielversprechende Methode sein.

Sowohl hand- als auch motorbetriebene Entsafter gibt es in Reformhäusern, größeren Supermärkten oder im Internet. Empfohlen wird ein Modell mit Handkurbel, wobei auch elektronische Geräte im höheren Preissegment außerordentlich effiziente Extraktionsgeräte abgeben.

Entsafter

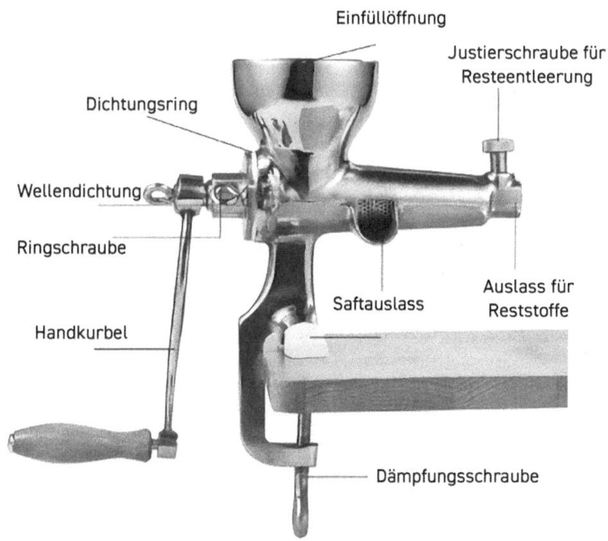

Ein Weizengrasentsafter sieht Großmutters Fleischwolf sehr ähnlich, hat aber eine zweite Öffnung, aus der der gepresste Grassaft herauslaufen kann. Während man die Kurbel dreht, wird langsam eine Handvoll Gras nach der anderen in den oben gelegenen Trichter gegeben. Sobald die Kurbel nur noch schwer zu drehen ist, sollte das Gerät gereinigt werden. Zu großer Druck beim Kurbeln könnte das Gerät beschädigen. Der herausfließende Saft wird mit einem Glas aufgefangen. Mit dieser einfachen Methode können große Mengen Biomasse zu einigen wenigen potenten Schnapsgläsern voll Saft konzentriert werden. Anzumerken ist jedoch, dass mit dem Entsafter wahrscheinlich nicht alle Alkaloide aus der Pflanze gelöst werden können. Auch werden mit dieser Methode die Alkaloide nicht selektiv herausgelöst. Man erhält sozusagen ein *Phalaris*-Extrakt nach Jungle-Spice-Art, also ein Extrakt, in dem sich mehr oder weniger alle Alkaloide der Pflanze befinden.

Dosierung und Einnahme

Bereits die kleine Menge eines Teelöffels voll potentem *Phalaris*-Saft kombiniert mit 3–4 g Harmala-Samen-Tee ergibt ein Ayahuasca-Analog von voller Stärke. Der Saft aus *Phalaris* schmeckt einfach nach Gras und damit besser als manche der traditionellen Gebräue. Der flüssige Saft kann in Glasflaschen im Kühlschrank aufbewahrt werden und in passenden Kühlbehältern zur Lagerung eingefroren werden (Green 1994/1995: 16).

Das Auspressen ist sehr hilfreich zum Aufbrechen der Zellwände, jedoch könnten sich immer noch Alkaloide in der Trockenmasse befinden. Es ist daher ratsam, den Saft und die Trockenmasse wieder zusammenzuschütten und alles noch einmal einzukochen. Durch das Einkochen wird zusätzlich das Chlorophyll abgespalten.

Eine weitere Einnahmemethode ist, den Saft trocknen zu lassen und das zurückbleibende Pulver zu rauchen oder in Kapselform einzunehmen (Green 1994/1995: 16).

Es wäre auch möglich, das Pulver mit einem organischen Lösungsmittel weiter zu extrahieren, um nur das darin befindliche N,N-DMT zu erhalten und die anderen Alkaloide zurückzulassen. Der Kreativität sind an dieser Stelle keine Grenzen gesetzt.

Gefahrenhinweis

»Der *Phalaris*-Experte Johnny Appleseed empfiehlt Vorsicht bei der Verwendung dieser neuen Technik. Er sagt, dass der Logik folgend, nicht genügend Tryptamin in nur einem Teelöffel des Saftes sein sollte, um die berichteten Wirkungen zu erzielen. Dies legt den Schluss nahe, dass hier noch andere Stoffe beteiligt sein könnten.« (DeKorne 1994/1995: 35)

Tripbericht - *Phalaris*-Saft

Ich nahm etwa ein Gramm Peganum-harmala-*Extrakt in drei Kapseln ein. Eine Stunde später folgte ein Teelöffel voll frisch gepresstem Saft aus* Phalaris arundinacea *(var.* Turkey Red*). Drei Stunden später stellte sich eine starke Wirkung ein; bis dahin waren nur eine schwache Wirkung von plus l und plus 2 zu spüren gewesen. Die Erfahrung wuchs sich schnell zu einer plus drei aus, hielt etwa zwei Stunden an, und nahm dann wieder ab. Der »Trip« war extrem unangenehm, dauernder Durchfall, Schwäche, Schwindel und milde Übelkeit. Die psychedelischen Effekte waren ohne besondere Farbwahrnehmung, Einsichten oder Euphorie, aber mit dem charakteristischen »Tryptamin-Summen« und Untertönen namenloser Besorgnis. Ich lag sehr schwach auf dem Badezimmerboden, wollte nicht allzu weit von der Toilette weg sein, da die Diarrhö sehr intensiv war. Das Wort Vergiftung klang mir in den Ohren – ich erlebte mit Sicherheit etwas Giftiges. Andere haben die gleiche Kombination ohne diese negativen Begleiterscheinungen eingenommen, also vermute ich, dass jeder auf seine eigene Weise reagiert. Ich war beeindruckt davon, wie nur ein Teelöffel Saft so potent sein kann, und war froh, dass ich nicht mehr davon eingenommen hatte: Der »Trip« brauchte lange, um einzusetzen, sodass ich dachte, ich hätte nicht genügend eingenommen. Lassen Sie sich dadurch nicht täuschen. (JG 1994/1995: 34)*

Banisteriopsis caapi

Ayahuasca – Ranke der Seele

»Ich hatte Angst, dass ich nach dem Trinken von Ayahuasca und dem Erleben des Todes leichtsinnig und sorglos werde, aber im Gegenteil, es scheint, dass der Tod dem Leben seinen Sinn gibt.«

GERARD ARMOND POWELL

Ayahuasca ist eine einzigartige Kombination aus der β-Carbolin-haltigen Ayahuasca-Liane *Banisteriopsis caapi* und den DMT-haltigen Blättern der *Psychotria viridis*. Die β-Carboline fungieren dabei als natürlicher MAO-Inhibitor, indem sie den Abbau bestimmter Stoffe wie z.B. DMT kurzzeitig unterbinden. Nur mithilfe der MAO-Hemmer kann das Ayahuasca-Gebräu seine bewusstseinserweiternde und visionäre Wirkung entfalten.

Obwohl alte Kulturen am Amazonas das Prinzip der MAO-Hemmung bereits seit vielen Jahrhunderten für ihre bewusstseinserweiternden Tränke verwenden, war es für die westliche Wissenschaft lange Zeit ein großes Rätsel. Während die Wissenschaftler jahrelange Forschungsarbeit betrieben, behaupteten die Ureinwohner, sie hätten dieses Geheimnis von den Pflanzen selbst erhalten.

Der bekannteste Ethnobotaniker des 20. Jahrhunderts, Richard Evans Schultes, kommentierte dieses komplizierte und ausgefeilte Rezept mit den Worten: »Man fragt sich, wie Menschen in einer primitiven Gesellschaft, ohne chemische oder physiologische Kenntnisse, zu dieser Lösung gelangen: Ein Alkaloid wird durch einen Monoaminooxidase-Hemmer aktiviert« (NARBY 2001: 19).

Anthropologen nehmen an, dass selbst weit voneinander getrennt lebende Stämme, die oft untereinander tödlich verfeindet sind und sogar unterschiedliche Sprachen sprechen, es allesamt geschafft haben, das »Ayahuasca-Prinzip« durch Versuch und Irrtum zu entdecken.

Unter Hinzunahme weiterer Parameter scheint diese Theorie jedoch an ihre Grenzen zu stoßen. Im Amazonasgebiet wachsen über 60 000 verschiedene Pflanzen. Selbst ohne all die möglichen Kombinationen scheint es fast schon unwahrscheinlich, dass alle Stämme das Ayahuasca-Prinzip auf dieselbe Weise entdeckten. Die Suche nach einer unbekannten MAO-hemmenden bzw. DMT-haltigen Pflanze gleicht bei einer derart hohen Pflanzenvielfalt der berühmten Nadelsuche im Heuhaufen.

Die Wirkung des Trankes beruht, laut Schamanen, nicht auf den pflanzlichen Inhaltstoffen, sondern vielmehr auf der Seele der Pflanze, die dem Menschen unter dem Einfluss von Ayahuasca offenbart wird. Auf diese Weise bekommt man Fragen beantwortet und erfährt die Ursache hinter bestimmten Krankheiten. Die Pflanze ist dabei eher Lehrer als Heiler und ermöglicht dem Kranken so die Selbstheilung. Ayahuasca wirkt daher nicht wie westliche Medikamente, die darauf ausgerichtet sind, Symptome zu lindern. Vielmehr werden tiefliegende Blockaden, Traumata oder Nachrichten aus unserem Unterbewusstsein ins Bewusstsein gerufen.

Mithilfe von Ayahuasca gelingt es dem Schamanen, in verwandelter Gestalt in andere Wirklichkeiten zu reisen. Dabei wird die Seele vom Körper gelöst und kann frei in anderen Welten umherwandern. Ayahuasca bedeutet soviel wie »Ranke der Seele« oder »Geisterliane« und deutet auf die Befreiung der Seele hin.

Im Laufe der Jahre verfügen Ayahuasqueros über unglaublich viel Erfahrung im Umgang mit Ayahuasca. Es wird von Schamanen berichtet, die über 25 Jahre jeden Tag dieses Gebräu zu sich genommen haben sollen. [15]

Bei den Shipibo in Peru gilt Ayahuasca als Medizin für Körper und Geist. Einerseits hat Ayahuasca eine starke psychoaktive Wirkung auf das Bewusstsein, die sich in fantastischen Visionen und unbeschreiblichen Reisen in andere Welten ausdrückt; andererseits wirken die β-Carboline stark entgiftend und desinfizierend. Erbrechen und plötzlicher Durchfall werden dabei als körperliche und seelische Reinigung empfunden.

Eine Erfahrung mit Ayahuasca unterscheidet sich sehr von nahezu allen anderen halluzinogenen Substanzen. Inhalt und Qualität der Visionen werden als ein absolut überwältigendes okkultes Szenario beschrieben, das einem sehr real und weniger wie eine »Halluzination« vorkommt. Im Gegensatz zum Rauchen von Freebase-DMT können Ayahuasca-Erfahrungen mehrere Stunden andauern. In den Augen der Ayahuasqueros gilt Ayahuasca als ein vernunftbegabtes Wesen, das einem Wissen und Macht verleiht, wenn man alle Regeln und Ernährungsvorschriften sorgfältig beachtet. Bei der Heilung von Krankheiten kommt dem Schamanen daher nur eine unterstützende Rolle zu. Nur bei besonders schwerwiegenden Fällen bittet der Schamane den Pflanzengeist um Unterstützung.

Traditionelle Ayahuasca-Pflanzen

Die traditionellen südamerikanischen Ayahuasca-Zutaten sind: Blätter von *Psychotria viridis* (Chacruna) oder *Diplopterys cabrerana* (Chaliponga) für das DMT und Stücke der *Banisteriopsis-caapi*-Rebe (Ayahuasca) als MAOI.

Psychotria viridis (Chacruna)

Die Blätter von *Psychotria viridis* enthalten hauptsächlich N,N-DMT und kleine Mengen anderer Alkaloide.

Diplopterys cabrerana (Chaliponga)

Diplopterys-cabrerana-Blätter enthalten hauptsächlich N,N-DMT, etwas 5-MeO-DMT und Spurenmengen von 5-HO-DMT. *Diplopterys-cabrerana*-Blätter enthalten auch Spuren von N-Methyltetrahydro-β-Carbolin (MAOI).

Banisteriopsis caapi

Banisteriopsis caapi enthält hauptsächlich Harmin, Harmalin und Tetrahydroharmin.

Nichttraditionelle Ayahuasca-Pflanzen

Mimosa tenuiflora

Diese enthält hauptsächlich N,N-DMT mit einigen anderen mysteriösen Alkaloiden. Diese Pflanze scheint nicht traditionell verwendet worden zu sein und wurde erst kürzlich entdeckt.

Syrische Steppenraute

Samen der Syrischen Steppenraute *(Peganum harmala)* sind hervorragende MAO-Inhibitoren. Diese enthalten Harmin, Harmalin und andere Alkaloide. Einige der anderen Alkaloide können zu Magen-Darm-Verstimmungen führen, daher ist es ratsam, diese zu entfernen (siehe Kapitel »Peganum harmala«).

Jede Kombination der oben genannten Pflanzen funktioniert für ein Ayahuasca-Analog, solange man eine DMT-haltige Pflanze und eine MAO-hemmende Pflanze für das Gebräu verwendet.

Dosierung

- DMT-haltige Pflanzen:

15–50 g getrocknete *Psychotria-viridis*-Blätter pro Person / 50–100 g frische Blätter
5–20 g getrocknete *Diplopterys-cabrerana*-Blätter / 10–30 g frische Blätter
5–20 g getrocknete *Mimosa-tenuiflora*-Wurzelrinde pro Person / 10–30 g frische Blätter

- MAOI-Pflanzen:

20–30 g getrocknete *B. caapi* pro Person / 30–40 g frisch
2 oder 3 g Samen der Syrischen Steppenraute pro Person

Große Mengen von Passionsblumenblättern können ebenfalls funktionieren, wobei die Wirkung im Gegensatz zu *B. caapi* etwas schwächer ausfällt.

Wirkungsweise von Ayahuasca

Die Wirkung von Ayahuasca ist von vielen Faktoren abhängig, allen voran Dosis, Set und Setting, aber auch die Beimischung von Meisterpflanzen kann die Wirkung verändern. Meisterpflanzen sind Heilpflanzen, die bei Patienten mit bestimmten Krankheiten hinzugemischt werden und die Heilwirkung des Trankes potenzieren. Die Heilung einer Krankheit kann nur ganzheitlich erfolgen (Körper und Geist). Deshalb gilt Ayahuasca als ideale Medizin. Einerseits wirkt es stark auf die Psyche und andererseits auf den Körper. Dadurch kann der Körper von allen Krankheitsursachen befreit werden.

Die Wirkung hält zwischen 2–6 Stunden an und setzt etwa 15–60 Minuten nach der Einnahme ein. Häufig wird die Erfahrung in zwei Abschnitten beschrieben. Im ersten Abschnitt treten die entgiftenden Nebenwirkungen der β-Carboline auf. Häufige Nebenwirkungen sind: Zittern, Zuckungen, Erbrechen, Übelkeit, Durchfall und Schwindelgefühl. Im zweiten Abschnitt beginnen die Visionen, und die Umgebung wird mit geometrischen Mustern überzogen. Tiergestalten und andere Erscheinungen betreten die Bildfläche. Die Erscheinungen (Schlangen, Raubkatzen, Geister, Tote etc.) werden von den Konsumenten häufig als bedrohlich empfunden. Typische DMT-Symptome wie Verlust des Zeitgefühls, Desorientiertheit und Verlust der Motorik können ebenfalls während einer Ayahuasca-Reise auftreten.

Nachteile des Ayahuasca-Hypes

Angesichts der steigenden Beliebtheit von Ayahuasca kam es in den vergangenen Jahren auch zu einigen Todesfällen, die mit dem Konsum von Ayahuasca in Verbindung gebracht werden.

Dies ist wahrscheinlich darauf zurückzuführen, dass aufgrund der Aussicht, schnelles Geld zu verdienen, immer mehr unerfahrene »Schamanen« die Bildfläche betreten. Zudem ist aufgrund der globalen Nachfrage die Ayahuasca-Liane nun in Teilen Perus vom Aussterben bedroht, was dazu beigetragen hat, dass sich der Preis für den Sud in den letzten drei Jahren auf umgerechnet 225 Euro pro Liter verdreifacht hat. In der peruanischen Stadt Iquitos, in der die meisten Ayahuasca-Zentren angesiedelt sind, dauert es inzwischen oft Tage, bis man die einst weit verbreitete Pflanze findet. Leider ist es beinahe unmöglich, die Liane zu züchten, da sie nur im tiefen Dickicht des Dschungels gedeiht und sehr langsam wächst. Um den Bestand nicht noch stärker zu gefährden, wird es in Zukunft umso wichtiger, unsere Nachfrage mit heimischen DMT-Quellen zu decken.

Für die indigenen Kulturen, die Ayahuasca seit mindestens 5000 Jahren in spirituellen Zeremonien verwenden, ist die Globalisierung ihres Kulturgutes mittlerweile zu einem gefährlichen Trend geworden.

Großkonzerne sind schon lange auf die Wirkung von Ayahuasca aufmerksam geworden und versuchen, mit Patenten die Verbreitung zu regulieren. Sollte es den Konzernen gelingen, ein Patent auf Ayahuasca durchzubringen, könnte dies das Ende der auf Ayahuasca aufbauenden schamanischen Kultur bedeuten.

Rechtslage

In der Bundesrepublik Deutschland und anderen europäischen Ländern fällt der in Ayahuasca enthaltene Stoff DMT (Dimethyltryptamin) unter das Betäubungsmittelgesetz. Die Ayahuasca-Liane selbst, aus der der psychoaktive Trank zubereitet wird, ist legal. Enthält der Trank jedoch DMT, fällt dieser unter das Betäubungsmittelgesetz. Man macht sich mit Zubereitung, Weitergabe und Handel von Ayahuasca strafbar. Der Besitz von DMT-haltigen Pflanzen aus botanischen oder dekorativen Gründen ist dagegen gesetzlich nicht verboten. [16]

Ayahuasca (Analog) - Zubereitung

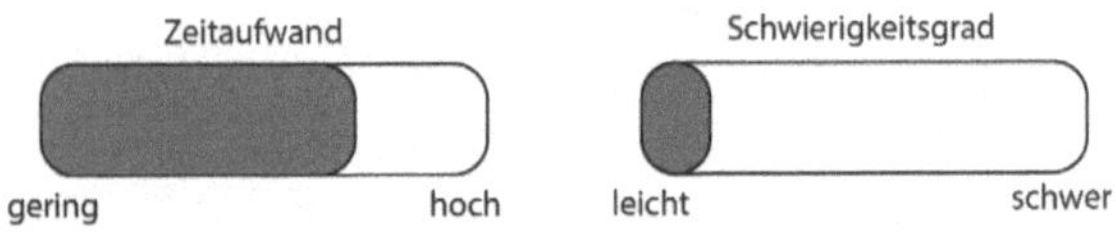

Materialien

- großer Topf (rostfreier Stahl)
- Pflanzenmaterial (siehe Kapitel »Ayahuasca – Ranke der Seele«)
- Käsetuch/Baumwolltuch
- Herd

1. Die ausgewählten Pflanzen werden zerkleinert.

   Die Dosierung kann dem vorherigen Kapitel »Ayahuasca – Ranke der Seele« entnommen werden. Jede angegebene Pflanze kann problemlos verwendet werden, ob Chaliponga, Syrische Steppenraute, *Psychotria viridis* oder *Banisteriopsis caapi.* Im Folgenden wird ein Ayahuasca-Analog aus Chaliponga und Syrischer Steppenraute hergestellt.

1. Man gibt die ausgewählten Pflanzen in einen Topf aus rostfreiem Stahl und bedeckt diese mit Wasser.

Das Pflanzenmaterial wird in den Topf gegeben

Topf mit Sud

2. Um die Alkaloide schneller und besser herauszulösen, kann noch etwas Zitronensäure hinzugefügt werden, bis sich das Gemisch im leicht sauren Bereich (mindestens pH 5) befindet. Nun wird das Gemisch 6 Stunden gekocht, eventuell auch länger. Durch Hinzufügen von Zitronensäure verkürzt sich die Kochzeit schätzungsweise auf etwa 3 Stunden.

   Anschließend wird die Flüssigkeit von dem pflanzlichen Material getrennt, indem der Pflanzenbrei durch ein Käsetuch gedrückt wird. Die Flüssigkeit wird in einem separaten Behälter aufbewahrt.
3. Dem ausgequetschten Pflanzenbrei gibt man frisches Wasser hinzu und kocht wieder alles für weitere 3 Stunden ein. Danach wird, wie bereits zuvor beschrieben, der Pflanzenbrei wieder von der sauren Flüssigkeit getrennt und in einen separaten Behälter gegeben.
4. Nun wird die gesamte Menge des Suds ca. auf einen halben Liter eingekocht. Je stärker der Sud eingekocht wird, desto höher ist die Alkaloidkonzentration.

   Der Topf samt Sud wird über Nacht kühl eingelagert.
5. Am nächsten Tag kann man die obere wässrige Schicht erneut in einen Topf geben und ein letztes Mal mithilfe eines Kaffeefilters filtrieren. Fertig ist das Ayahuasca-Analog!

Changa-Mischung

Changa – evolutionäres Ayahuasca

Wir leben in einer Zeit, die im globalen Kontext gesehen kaum schlimmer sein könnte. Kriege, Konflikte und Umweltzerstörung sind nur die Spitze des Eisberges. Der Auslöser dieser zerstörerischen Entwicklung ist im Grunde ganz einfach. Es ist die Trennung von unserer wahren Natur. Wir haben vergessen, wer wir sind und woher wir kommen!

Psychedelische Substanzen und allen voran DMT haben die unglaubliche Fähigkeit, uns wieder mit der allumfassenden Quelle zu verbinden. Sie sind in diesem Sinn nicht nur der Schlüssel zu anderen Realitätsebenen, sondern auch die beste Art und Weise, um uns selbst wiederzufinden. Das gelingt ihnen, weil sie Bereiche unserer Psyche offenbaren, die der modernen Psychotherapie nur wenig bis gar nicht zugänglich sind.

Dass psychedelische Substanzen in vielen Fällen nachweislich erfolgreich zur Heilung von Depressionen, Drogenabhängigkeit und posttraumatischen Angstzustände beigetragen haben, unterstreicht dieses Potenzial. Darüber hinaus belegen die wissenschaftlichen Studien von Móró, Simon, Bárd und Rácz, dass sich die Weltanschauung von psychedelischen Konsumenten von einem eher materialistischen Weltbild hin zu einer überwiegend spirituell mystischen Überzeugung verändern kann. Zu den Merkmalen des veränderten Weltbildes zählt der Glaube an eine universelle Seele, an die Existenz einer transzendenten Realität und die gefühlte Einheit mit der Natur und dem Universum. Changa eröffnet die Möglichkeit, das alles zu überprüfen. [17]

Was ist Changa?

Als rauchbares Ayahuasca eroberte Changa in kürzester Zeit die Welt und prägte nebenbei eine neue Ära in der Psychonautik, die sogenannte Changanautik. Der kreative Schöpfer Julian Palmer empfing den Namen Changa als Eingebung während einer Ayahuasca-Zeremonie. Er beschreibt seine Erfindung als »evolutive Entwicklung des DMT-Rauchens und als eigenständiges Werkzeug für psychedelische, transformative, heilerische und rituelle Zwecke« (Berger 2017: 15).

Changa ist keine eigenständige Substanz, es ist vielmehr die Bezeichnung für eine Rauchmischung, die aus verschiedenen psychoaktiven Pflanzen und Kräutern besteht. In den meisten Fällen ist die Hauptzutat N,N-DMT, selten auch 5-MeO-DMT. Der Mischung werden zudem noch MAO-inhibierende Pflanzenteile wie *Banisteriopsis-caapi*-Blätter, Passionsblume oder Blauer Lotus hinzugefügt. Auf diese Weise entsteht ein potentes Ayahuasca-Analog, mit dem sich der DMT-Trip um 5–15 Minuten verlängern lässt. MAO-Hemmer in Kombination mit Tryptaminen, wie z.B. N,N-DMT, führen zu qualitativ unterschiedlichen Erfahrungen mit überwiegend freundlichem Charakter. Oftmals wird der verlängerte Trip als »cleaner« und tiefergehender beschrieben. Trips bis zu 20 Minuten sind mit der richtigen Mischung durchaus möglich.

Neben DMT und MAO-hemmenden Pflanzenteilen können der Mischung noch weitere Kräuter nach Wunsch hinzugefügt werden. Denn vor allem das Mischungsverhältnis der verwendeten Kräuter spielt bei der Wirkung eine entscheidende Rolle. So verstärkt z.B. *Salvia divinorum* die halluzinogene Wirkung. Bei Damiana hingegen fällt die Wirkung eher entspannend und aphrodisierend aus. Aus diesem Grund können verschiedene Rauchmischungen ganz unterschiedliche Erfahrungen auslösen. Wie die einzelnen Changa-Kräuter wirken, wird im nächsten Kapitel erläutert. Aber auch das DMT-Kräuter-Verhältnis spielt bei der Changa-Herstellung eine wichtige Rolle.

Von der Idee, 5-MeO-DMT mit MAO-Inhibitoren zu kombinieren, wird oft abgeraten. Da 5-MeO-DMT schon allein stark wirkt, sei es nicht unbedingt ratsam, diese auch noch zu verlängern, so die Argumentation. Doch es gibt auch Berichte, die in eine andere Richtung deuten.

Ein Erfahrungsbericht aus der psychonautischen Zeitschrift *Entheogene,* der 1993 erschienen ist, beschreibt die Wirkung von 5-MeO-DMT mit einem MAO-hemmenden Harmala-Extrakt als deutlich gleichmäßiger und sanfter. So heißt es weiter, die »fremdartige« Intensität des 5-MeO-DMT werde abgepuffert.

Als MAO-inhibierende Zutat eignet sich in erster Linie ein Harmala-Extrakt. Auch alleine eingenommen, ist ein Harmala-Extrakt überraschend sanft und angenehm zu rauchen. Die Wirkung lässt sich als beruhigend und stimmungsaufhellend beschreiben. Im Kapitel »Harmin und Harmalin-Extraktion« erfährst du mehr darüber.

Ein weiterer Vorteil von Changa ist die einfache Art, es zu konsumieren. Es kann leicht in der Pfeife oder in der Bong geraucht werden, ohne dass genau darauf geachtet werden muss, ob das DMT richtig vaporisiert wird. Es ist sogar möglich, Changa in einem Joint zu rauchen. Besonders für DMT-Einsteiger ist dies eine sehr interessante Variante, da man die größtmögliche Kontrolle über den Trip behält.

Einige der bekanntesten Changa-Blends nach Julian Palmers Originalrezept lauten:

Ayahuasca Android:
70% *Caapi*
30% Chaliponga
Palmers Originals No. 1:
40% Ayahuasca-Liane (Blätter von *Banisteriopsis caapi*)
20% Pfefferminze *(Mentha piperita)*
20% Königskerze *(Verbascum densiflorum)*
10% Passionsblume *(Passiflora incarnata)*
10% Blauer Lotus *(Nymphaea caerulea)*
Dream State:
30% Ayahuasca-Liane (*Banisteriopsis caapi* - Blätter und Rinde)
30% Aztekisches Traumgras (*Calea zacatechichi* - Blätter, Stängel und Knospen vor der Fruchtreife)
20% *Heimia salicifolia* (Sinicuichi)
10% *Justicia pectoralis*
10% Damiana *(Turnera diffusa)*
Changa classic:
30% *Banisteriopsis caapi* (Blätter)
20% Damiana *(Turnera diffusa)*
20% Passionsblume *(Passiflora incarnata)*
20% Pfefferminze *(Mentha piperita)*
10% Blauer Lotus *(Nymphaea caerulea)*
Minty Blast:
40% *Banisteriopsis caapi*
35% Pfefferminze *(Mentha piperita)*
25% Königskerze *(Verbascum densiflorum)*
Electric Sheep:
50% Blauer Lotus *(Nymphaea caerulea)*
50% Traumgras *(Calea zacatechichi)*
Mimohuasca:
45% *Mimosa tenuiflora*
45% *Banisteriopsis caapi*
10% Syrische Steppenraute *(Peganum harmala)*
Deep travel:
37,5% Damiana *(Turnera diffusa)*
37,5% Beifuß *(Artemisia vulgaris)*
25% Passionsblume *(Passiflora incarnata)*

Alle aufgelisteten Mischungen sind reiseerprobt. Fertige Changa-Mischungen (ohne DMT) gibt es auf der Webseite **www.das-dritte-auge.com**.

Bei der Herstellung einer Changa-Rauchmischung sind der Kreativität keine Grenzen gesetzt. Bei der Auswahl der Kräuter sollte man stets auf seine innere Stimme vertrauen. Auch das DMT-Mischungsverhältnis sollte den Zielen angepasst werden. Im Kapitel »Changa-Herstellung« wird dieses Thema ausführlich behandelt.

Besonders neugierige Psychonauten werden mit Changa viel Spaß haben. Eine gute Methode, um die Wirkung der einzelnen Kräuter zu erforschen, ist folgende:

Man wählt ein Kraut, das besonders ansprechend wirkt, und verwendet es als einzige Zutat (als einzige Zutat neben der MAO-inhibierenden Pflanze und dem DMT). Bei der Auswahl eines geeigneten Changa-Krauts kann das folgende Kapitel behilflich sein. Nach der ersten Erfahrung erhält man ein sicheres und gründliches Verständnis von der Wirkung des Krauts und kann die Mischung bei der nächsten Erfahrung mit anderen Pflanzen zusätzlich ergänzen.

Natürlich sollte auch darauf geachtet werden, dass das Set und Setting bei jedem Versuch ungefähr dasselbe bleibt.

Eine Mischung nach dieser Methode wäre zum Beispiel »Ayahuasca Android«. Die einzige Zutat neben der MAO-inhibierenden Pflanze ist Chaliponga.

Changa-Kräuter

Im Folgenden werden Informationen über die Wirkungen verschiedenster Pflanzen auf das geistige, körperliche und seelische Befinden gegeben. Die folgende Liste dient als Orientierungshilfe bei der Auswahl von potentiellen Changa-Kräutern.

Für alle Substanzen mit psychischen Wirkungen gilt:

- Vor der Selbstbehandlung ernsthafter Krankheiten immer zuerst einen Arzt kontaktieren.
- Man sollte grundsätzlich immer mit sehr niedriger Dosierung beginnen, solange man nicht mit der Wirkung vertraut ist.
- Die Verwendung von Substanzen mit halluzinogener Wirkung sollte die Ausnahme bleiben.
- Kindern und Jugendlichen wird vom Gebrauch aller psychoaktiver Pflanzen abgeraten.
- Menschen, die unter psychischen Störungen leiden, sollten keine psychoaktiven Substanzen konsumieren.

Chacruna *(Psychotria viridis)*

Wirksame Inhaltsstoffe: Die Blätter enthalten 0,1–0,61 % N,N-DMT, daneben Spuren von MMT und MTHC (= 2-Methyltetrahydro-β-Carbolin).

Verwendung: Die DMT-haltigen Blätter werden zur Herstellung des legendären Ayahuasca-Trunkes verwendet, dienen aber auch zur Herstellung eines Ayahuasca-Analogs. Sie eignen sich zudem als Changa-Kraut, ersetzen jedoch nicht die Zugabe von DMT im Changa-Herstellungsprozess.

Passionsblume *(Passiflora incarnata)*

Inhaltsstoffe: C-Glycosylflavone, Apigenin und Luteolin wurden als Hauptwirkstoffe erkannt. β-Carboline mit MAO-hemmenden Eigenschaften.

Verwendung: Kann geraucht oder als Tee zubereitet werden; auch die Zubereitung eines alkoholischen Getränks ist möglich. *Passiflora incarnata* kann als getrocknetes Kraut pur oder in Changa-Mischungen geraucht werden. Als Tagesdosis des getrockneten Krauts werden 4– 8 g empfohlen. Als Tee gilt: 2,5 g pro Tasse und drei- bis viermal tägliche Anwendung. Besonders die Wurzel eignet sich aufgrund ihres hohen Gehaltes an β-Carbolinen zur Herstellung von Ayahuasca-Analogen.

Wirkung: Geraucht erzeugt das Passionsblumenkraut ein subtiles, euphorisches marihuanaähnliches »High«. Der Tee wirkt stimmungsaufhellend und sedativ. Experimente haben gezeigt, dass ein Passionsblumen-Extrakt den Schlaf vertieft und verlängert und intensive Träume und Visionen während der Schlafphase bewirkt. Wechselwirkungen (negative Synergien) mit anderen Substanzen sind nicht bekannt.

Rechtslage: Es existieren keinerlei Vorschriften zu dieser Pflanze. Sie ist in Deutschland vollkommen legal.

Damiana *(Turnera diffusa)*

Wirksame Inhaltsstoffe: Die Blätter enthalten bis zu 0,9% ätherisches Öl sowie Harze in unterschiedlicher Konzentration. Das ätherische Öl besteht aus etwa 20 verschiedenen Stoffen, darunter α-Pinen und 1-8-Cineol. In den Stängeln konnte Koffein nachgewiesen werden. Die verwandte *Urnera ulmifolia* enthält Koffein in höheren Konzentrationen.

Verwendung: Damiana kann geraucht, verräuchert oder als Tee zubereitet werden. Das Damianakraut (ohne die Wurzel) gilt als »legal high« und gibt einen weniger schädlichen Tabakersatz ab. Für einen Tee gibt man 2 gehäufte Esslöffel der Blätter auf 0,5 l kochendes Wasser. Auch alkoholische Auszüge können hergestellt werden. In Mexiko gibt es einen Damiana-Likör, der angeblich eine aphrodisische Wirkung entfaltet.

Wirkung: In Teilen Südamerikas gilt Damiana vor allem als Mittel gegen Asthma. In Nordmexiko wird das Kraut bei Nervosität und Muskelschwäche eingesetzt. Ihm wird im allgemeinen eine aphrodisierende und euphorisierende

Wirkung nachgesagt. Regelmäßige Anwendung soll eine stärkende Wirkung auf die Sexualorgane haben

Nebenwirkungen: Ein dauerhafter Konsum steht im Verdacht, Organe zu schädigen.

Rechtslage: Es existieren keinerlei Vorschriften zu dieser Pflanze. Sie ist in Deutschland vollkommen legal.

Traumgras *(Calea zacatechichi)*

Wirksame Inhaltsstoffe: Verschiedene Bitterstoffe, bestehend aus verschiedenen Sesquiterpenlactonen.

Verwendung: Die getrockneten Blätter und Stängel können als Tee oder in einer Pfeife geraucht werden. Um einen psychoaktiven Tee herzustellen, werden etwa 20–25 g der Blätter benötigt. *Calea zacatechichi* ist Bestandteil schamanischer Riten und wird zur Klärung des Geistes, für Traumvisionen und zur Einleitung von Träumen genutzt. Auch bei Hautkrankheiten gilt das gedünstete Kraut als heilsam.

Wirkung: Bei ausreichender Dosierung tritt eine schlaffördernde und klartraumfördernde Wirkung ein. Zudem wird von erhöhter Ruhe und Gelassenheit berichtet. Ein Joint aus *Calea* erzeugt ein subtiles »High«.

Rechtslage: Es existieren keinerlei Vorschriften zu dieser Pflanze. Sie ist in Deutschland vollkommen legal.

Blauer Lotus (Nymphaea caerulea)

Wirksame Inhaltsstoffe: Die Inhaltsstoffe des Blauen Lotus sind wissenschaftlich unzureichend erforscht. Es werden verschiedene Alkaloide vermutet, darunter Aporphin, Apomorphin und Nucipherin. Dem Blauen Lotus wird zudem eine MAO-hemmende Wirkung nachgesagt.

Verwendung: Blauer Lotus lässt sich gut als Tee zubereiten. Als Tee eingenommen sollen 3–6 Knospen nach ca. 20 Minuten eine hypnotische Wirkung erzeugen. Nebenwirkungen sind Übelkeit und Muskelzittern. Nach dieser Phase kommt es zum einem wohligen Ruhegefühl mit veränderter Farbwahrnehmung. Auch die auditive Wahrnehmung kann sich verändern.

Blauer Lotus kann auch in Wein eingelegt werden. Vor dem Genuss sollte der Wein mindestens eine Nacht stehen gelassen werden.Die getrockneten Blätter können in einer Pfeife, als Joint oder in einer Kräutermischung geraucht werden. Die individuell wirksame Dosis sollte vorsichtig ermittelt werden.

Wirkung: Die berichteten Wirkungen des Blauen Lotus reichen von aphrodisierend, euphorisierend und sedierend bis hin zu leicht entheogen, abhängig von der Dosis und der Kombination mit anderen Substanzen.

Rechtslage: Blauer Lotus unterliegt in keinem Land irgendwelchen gesetzlichen Einschränkungen.

Königskerze (*Verbascum*, Blüten)

Wirksame Inhaltsstoffe: Aucubin, Saponine wie Verbascosid, Flavonoide. Königskerzenblüten enthalten zudem etwa 3% Schleimstoffe und zu 11% Invertzucker.

Verwendung: In der Volksmedizin werden die Blüten zur Therapie von chronischem Husten und zur Förderung des Auswurfs von Bronchialsekret angewendet. Äußerlich aufgetragen eignen sich die Blüten bei Hautleiden und tragen zur schnelleren Wundheilung bei.

Anwendung: 1,0 g getrocknete Blüten (ungefähr zwei Teelöffel) mit 150 ml kochendem Wasser aufgießen und 10 Minuten ziehen lassen. Der Tee kann drei- bis viermal täglich eingenommen werden.

Pfefferminze (*Mentha* x *piperita*)

Wirksame Inhaltsstoffe: ätherische Öle (u. a. Menthol), Gerbstoffe, Bitterstoffe, Flavonoide, Enzyme, Valeriansäure.

Verwendung: Schon seit der Antike werden die Pfefferminzblätter vielseitig eingesetzt. Ein Pfefferminztee wirkt entzündungshemmend, mindert Erkältungsbeschwerden und hilft gegen Bauchschmerzen und Übelkeit. Bereits bei den alten Griechen wurde Minze als Räuchermittel u. a. bei Gedächtnisschwäche und Ohnmachtsanfällen verwendet. Pfefferminze eignet sich ebenfalls für alkoholische Auszüge (Tinkturen).

Wirkung: Die Pfefferminze *(Mentha* x *piperita)* gilt als eines der bedeutendsten Mittel in der Naturheilkunde. Sie wirkt krampflösend, beruhigend, galletreibend und antioxidativ. Der Rauch von Pfefferminze übt eine aufmunternde, beruhigende, reinigende und schärfende Wirkung auf den menschlichen Geist aus. Außerdem hat sie desinfizierende Eigenschaften.

Sinicuichi *(Heimia salicifolia)*

Wirksame Inhaltsstoffe: Der zentrale Wirkstoff des Sinicuichi-Krauts ist das Chinolizidinalkaloid Cryogenin. Nebenalkaloide sind Abresolin, Anelesin, Cryofolin, Dehydrodecodin, Demethyllasubin I und II, Epidemethocyabresolin, Heimin, Lyfolin, Lythridin, Sinin und Vesolidin. Die Alkaloide sind hauptsächlich in den Blättern und Stängeln zu finden, die Wurzeln und Samen sind alkaloidfrei. In den Blättern sind 15% Tannin, 14% Harze und 9% Bitterstoffe enthalten.

Verwendung/ritueller Gebrauch: In der mexikanischen Volksmedizin wird Sinicuichi als Narkotikum, Rauschmittel oder als Fiebermittel eingesetzt. Insgesamt ist der rituelle Gebrauch jedoch nicht sonderlich gut erforscht. Dennoch ist überliefert, dass die Pflanze den Azteken heilig war und sie diese als »Sonnenöffner« bezeichneten. Der mexikanische »Vergessenstrank« wird aus den Blättern hergestellt und soll Gelbsichtigkeit (zunehmende Eintrübung der Augenlinse) und Euphorie bewirken. Doch nicht nur als Trank, sondern auch als Räucherwerk wurde Sinicuichi verwendet. Aus dem frischen Kraut kann zudem ein alkoholischer Auszug gewonnen werden. 20–25 g genügen für eine psychoaktiv wirksame Dosis.

Wirkung: Niedrig dosiert wird lediglich eine subtile Wirkung hervorgerufen. Höher dosiert kommt es zu euphorisierenden, gedankenanregenden und sedierenden Effekten sowie einer leichten Veränderung der akustischen Wahrnehmung. Außerdem können bei hoher Dosierung gelbsichtige Visionen auftreten. Auf den Körper wirkt Sinicuichi muskelentspannend, blutdrucksenkend und herzgefäßerweiternd.

Insgesamt ist die psychoaktive Wirkung zwar stärker als von blauem Lotus, Damiana oder Katzenminze, jedoch schwächer als von starken Psychedelika (wie *Salvia divinorum, Cannabis,* DMT oder Magic Mushrooms).

Rechtslage: Sinicuichi fällt nicht unter die Bestimmungen des Betäubungsmittelgesetzes.

Wahrsagesalbei *(Salvia divinorum)*

Salvia divinorum (»Salbei der Wahrsager«) ist eine psychoaktive Salbeiart. Er wird auch als Aztekensalbei bezeichnet.

Wirksame Inhaltsstoffe: *Salvia* enthält die Dissoziativa Salvinorin A und B und weitere, noch nicht genau bestimmte Stoffe.

Verwendung/ritueller Gebrauch: Die Maya verwendeten *Salvia* zu rituellen Zwecken. In niedrigen Dosen zur Behandlung körperlicher Beschwerden, in hohen Dosen zur Erzeugung visionärer Rauschzustände.

Werden die getrockneten Blätter geraucht, kann bereits ein halbes mittelgroßes Blatt eine starke psychoaktive Wirkung erzeugen. Die Blätter können auch gekaut und dabei für 5 Minuten im Mund behalten werden. Die Wirkstoffe werden dabei über die Mundschleimhäute aufgenommen. Schon 8–10 Blätter reichen aus, um deutlich spürbare Effekte zu erzeugen. Die Wirkung tritt nach 10 Minuten ein und hält ca. 30 Minuten an. Die Blätter werden darüber hinaus zur Herstellung eines psychoaktiven Räucherwerks verwendet.

Salvinorin kann auch geraucht werden. Jedoch ist dabei besondere Vorsicht geboten, da die wirksame Dosis bereits bei 0,2–0,6 mg liegt.

Wirkung: Beim Rauchen dauert die Hauptwirkung meist 5–15 Minuten und setzt etwa nach 30 Sekunden bis 1 Minute ein.

Die halluzinogene Wirkung von *Salvia* unterscheidet sich stark von anderen bekannten psychoaktiven Substanzen wie Psilocybin oder LSD. Der Trip ist nur schwer zu kontrollieren und wird oft als sehr anstrengend empfunden. Bei sehr hohen Dosierungen kann der Reisende vorübergehend völlig von der normalen Realität getrennt und dementsprechend schwer von außen zu beeinflussen sein.

Rechtslage: In Deutschland unterliegt *Salvia* dem BtMG.

Justicia pectoralis

Wirksame Inhaltsstoffe: Betain, Umbelliferon, verschiedene Cumarine wie Scopoletin, Benzopyrane, Justicidin, geringe Mengen an Vasicin sowie Spuren von Tryptaminen.

Verwendung/Ritueller Gebrauch: *Justicia pectoralis* ist ein blühendes wohlriechendes Kraut, das in tropischen Regionen Amerikas wächst. Es wurde in Südamerika zur Behandlung von Lungenentzündungen, Brustbeschwerden, Prostataproblemen, Grippe, Fieber, Magenbeschwerden und Beinschmerzen eingesetzt.

In erster Linie wird *Justicia* als aromatischer Zusatzstoff in Schnupfpulver angewendet. *Justicia* scheint dabei die nasale Aufnahme des Schnupfpulvers zu erleichtern. Die Yanomami schnupfen das Pulver, um leichte Visionen zu erhalten. Verräuchert gilt *Justicia* auch als spezielles Aphrodisiakum für Frauen.

Zubereitung und Dosierung: Zur Herstellung eines beruhigenden Tees übergießt man eine Handvoll frischer Blätter mit 200 ml kochendem Wasser und lässt sie 10 Minuten ziehen. Das frische Kraut wird in der Karibik traditionell in Wein eingelegt und als Liebestrank verkauft.

Wirkung: Kann bei hoher Dosierung hypnotische und sedierende Effekte erzielen.

Chaliponga, Yahé-Liane *(Diplopterys cabrerana)*

Wirksame Inhaltsstoffe: Die Blätter enthalten bis zu 1,75% N,N-DMT sowie geringe Mengen 5-MeO-DMT, Bufotenin und β-Carboline. In keiner anderen Pflanze konnte N,N-DMT in so hoher Konzentration nachgewiesen werden.

Verwendung: Chaliponga ist eine Zutat des berühmten Ayahuasca-Gebräus. Für ein Ayahuasca-Analog werden 3-8 Blätter 1–2 Stunden mit Zitronensäure aufgekocht und abfiltriert, danach mit einem MAO-Hemmer gemischt und oral aufgenommen. Um eine psychoaktive Wirkung zu erzielen, müssen ca. 30 mg DMT oral aufgenommen werden. Die Chaliponga-Blätter eignen sich auch für Rauch- und Räuchermischungen.

Wirkung: Die Blätter entfalten bei entsprechender Dosierung eine stark »halluzinogene« Wirkung. Da 5-MeO-DMT nur in sehr geringen Mengen in der Pflanze zu finden ist, ist der Einfluss von 5-MeO-DMT kaum spürbar.

Nebenwirkung: Übelkeit und Erbrechen

Rechtslage: DMT unterliegt in Deutschland dem BtMG.

Beifuß *(Artemisia vulgaris)*

Beifuß ist Heilpflanze, Gewürz und essbare Wildpflanze zugleich. Darüber hinaus gilt Beifuß als psychoaktiver Räucherstoff und zählt zu den ältesten Schamanenpflanzen Europas.

Räucherungen wirken reinigend, »kopföffnend«. Besonders bei Meditationen und schamanischen Ritualen kommt Beifuß gerne zur Anwendung.

Wirksame Inhaltsstoffe: Ätherisches Öl mit 1,8-Cineol, Borneol, Campher, Linalool, Myrcen, Pinen, Terpenen und Thujon als Hauptbestandteile sowie Carotinoide, Cumarinderivate (Umbelliferon, Aesculetin), Flavonoide (Quercetin, Rutin), Polyine, Sesquiterpenlactone (Vulgarin, Pilostachyin) und Triterpene.

Verwendung/ritueller Gebrauch: Beifuß wird zur Reinigung bei schamanischen Zeremonien verwendet und gilt als eine der wichtigsten Ritualpflanzen der Welt. Die Germanen verwendeten ihn für Geburts-, Fruchtbarkeits- und Übergangsrituale. Auch bei den Kelten galt Beifuß als heilige Pflanze. Beifuß kann verräuchert, geraucht, als Tee oder in alkoholischen Auszügen zur Anwendung kommen.

In der traditionellen Volksmedizin wird *Artemisia vulgaris* als entgiftendes, krampflösendes und menstruationsförderndes Mittel angewendet.

Wirkung: Die psychoaktive Wirkung des Beifußes ist umstritten. Geraucht sollen vor allem die ätherischen Öle des Beifußes für eine berauschende Wirkung verantwortlich sein. Die Wirkung wird als wahrnehmungs- bzw. bewusstseinsverändernd, leicht beruhigend und insgesamt als sehr subtil beschrieben.

»Oft wird *Artemisia vulgaris* außerdem als Traumkraut beschrieben, ein abendlicher Konsum soll die Intensität der Träume und das Erinnerungsvermögen steigern.« [18]

Eukalyptus (*Eucalyptus* spp.)

Wirksame Inhaltsstoffe: Insbesondere die Blätter haben einen hohen Anteil an ätherischen Ölen. Der Hauptbestandteil dieses Öles ist das sogenannte Cineol. Aber auch Flavonoide und Gerbstoffe sind enthalten.

Wirkung: stresslösend und entspannend, narkotischer Effekt.

Verwendung: Aufgrund der ätherischen Öle gilt Eukalyptus als besonderes Heilmittel bei Atemwegserkrankungen. Eukalyptus steigert die Aktivität der sogenannten Flimmerhärchen, wodurch der Auswurf von Schleim erleichtert wird. Ein anderer interessanter Effekt ist die Stimulation der Kälterezeptoren in der Nase, wodurch diese frei wird.

Nebenwirkung: Eine Überdosierung führt zu schweren Vergiftungen, die sich durch Schwindel, Benommenheit und Atemnot bemerkbar machen. Wer einen empfindlichen Magen hat, kann aufgrund der Reizwirkung des ätherischen Öls mit Magenschmerzen, Übelkeit, Erbrechen und Durchfällen reagieren.

Ringelblume *(Calendula officinalis)*

Wirksame Inhaltsstoffe: Ätherische Öle, Alpha-Cadinol, Saponine, Schleimstoffe, Flavonoide, Cumarine, Triterpenalkohole, Triterpenglykoside und Carotinoide. Für die wundheilende Wirkung sind die enthaltenen Saponine, Triterpene und Flavonoide verantwortlich.

Wirkung: anregend, wohltuend.

Verwendung: Bereits seit der Antike ist die Ringelblume als Heil-, Zauber- und Färbepflanze bekannt. Im Mittelalter wurden mit ihr »Liebesräucherungen» durchgeführt. In der Volksmedizin wird sie bei schlecht heilenden Wunden und Entzündungen eingesetzt. Sie hat zudem eine blutstillende und antiseptische Wirkung.

Sassafras

Sassafras albidum, Sassafras officinale, Laurus sassafras (auch Nelkenzimtbaum genannt).

Verwendung: Mit *Sassafras* wurde in früheren Zeiten Tabak aromatisiert. Aus der *Sassafras*-Rinde oder dem Wurzelholz kann ein Tee bereitet werden. Dazu wird 30 g der zerkleinerten Rinde in 500 ml Wasser für 30 Minuten aufgekocht. Als normale Dosis für einen blutreinigenden Tee wird 2,5 g der Wurzelrinde genannt.

Des Weiteren kann das Öl mit Alkohol extrahiert oder destilliert werden. Richtig bekannt wurde das Sassafrasöl erst als natürlicher Ecstasy-Ersatz (Herbal Ecstasy). Bereits in der Zeit vor Kolumbus wurde die Wurzelrinde von indigenen Stämmen als stimulierender Tee verwendet.

Inhaltsstoffe: Die Wurzelrinde enthält bis zu 9% atherisches Öl, das bis zu 80% Safrol enthält. Außerdem sind Campher, Eugenol, Pinen, verschiedene Alkaloide, Lignane, Tannine und Harz enthalten.

Aus Safrol lassen sich MDA und MDMA herstellen, möglicherweise wird Safrol im Körper in diese oder eine ähnliche Verbindung umgewandelt. [19]

Wirkung: *Sassafras* wirkt schweißtreibend und schmerzstillend. In großen Mengen wirkt der Tee anregend und halluzinogen. Außerdem hat es eine antirheumatische, harntreibende und blutreinigende Wirkung.

Nebenwirkungen: Regelmäßiger Konsum führt zu Leber- und Nierenschäden. Eine Überdosierung kann zu Erbrechen, Schock, Sprachstörungen und zum Tod durch zentrale Atemlähmung führen. In Tierversuchen wurde eine krebserregende Wirkung festgestellt. Mäßiger Konsum ist hingegen unbedenklich.

Rechtslage: In der EU dürfen safrolhaltige Extrakte und Öle nur mit Sondergenehmigung verkauft werden, da sie sich für die Herstellung von MDMA und MDA eignen. Die unverarbeitete Pflanze unterliegt jedoch nicht dem BtMG und ist daher legal. Die unerlaubte Weiterverarbeitung ist hingegen illegal.

Changa-Herstellung

Materialien

- Lösungsmittel (Ethanol, Wundbenzin, Aceton)
- Freebase-DMT
- Changa-Kräuter
- Keramikschale
- Waage

Mischungsverhältnis von DMT zu Pflanzen:

Bei der Changa-Herstellung sind vor allem zwei Fragen zu beantworten: Welche Kräuter verwende ich? Und: Wie stark soll meine Mischung werden?

Besonders das Mischungsverhältnis DMT zu Kräutern bestimmt maßgeblich den Wirkungsgrad der Changa-Rauchmischung. Je nach Vorliebe kann die Mischung stark oder auch weniger stark angemischt werden.

Bei einer schwachen Mischung wird nur verhältnismäßig wenig DMT hinzugegeben. Somit wird der Schwerpunkt auf die synergistische Wirkung der Kräuter ausgerichtet. Bei einer starken Mischung liegt der Schwerpunkt eher auf der Wirkung des DMT. Eine zu starke Mischung ist für fortgeschrittene DMT-Raucher noch in Ordnung, jedoch für unerfahrene nur schwer zu dosieren.

Jede Changa-Mischung ist jedoch alleine von den Wünschen und Vorlieben des Konsumenten abhängig. Mit verschiedenen Rauchmischungen zu experimentieren ist oftmals nötig, um die persönlich angenehmste Mischung zu finden.

Ein Verhältnis von 1:1 (Freebase-DMT : Kräuteranteil) gilt als starke Mischung, die schon relativ schnell zum Durchbruch führen kann.

Ein Verhältnis von 2:3 (2 Teile Freebase-DMT : 3 Kräuteranteile) ist ein wenig schwächer und gibt der Kräutermischung mehr Einfluss auf die Erfahrung. Die folgende Formel hilft bei der Berechnung der Anteile.

$$W_{Kräuter} = W_{DMT} \times \frac{R_{Kräuter}}{R_{DMT}}$$

Legende:
$W_{Kräuter}$ = Gewicht der Kräuter
W_{DMT} = Gewicht von DMT
$R_{Kräuter}$ = Verhältnis: Kräuteranteil
R_{DMT} = Verhältnis: DMT-Anteil

Zum besseren Verständnis hier zwei Rechenbeispiele:

Beispiel 1

Es werden 2 g Freebase-DMT bei einem Verhältnis von 2 : 3 verwendet (2 Teile Freebase-DMT : 3 Kräuteranteile).

Bei Beispiel 1 benötigen wir 3 g Kräutermischung.

$$W_{\text{Kräuter}} = 2 \times \frac{3}{2} = 3$$

Beispiel 2

In diesem Beispiel verwenden wir 1 g Freebase-DMT bei einem Verhältnis von 1 : 1 (1 Teil Freebase- DMT : 1 Kräuteranteil).

Bei Beispiel 2 benötigen wir 1 g Kräutermischung.

$$W_{\text{Kräuter}} = 2 \times \frac{3}{2} = 3$$

Nachdem die Pflanzenmenge anhand der Formel errechnet wurde, kann mit dem Abwiegen begonnen werden. Die Kräuter sollten jetzt zerkleinert werden, um später eine brauchbare Größe zu haben.

Als Nächstes wird die Menge an Freebase-DMT abgewogen, die für das individuelle Mischungsverhältnis benötigt wird.

Im nächsten Schritt wird das Freebase-DMT aufgelöst. (Dazu wird etwa 40 ml Lösungsmittel pro 1 g DMT verwendet).

Als Lösungsmittel eignen sich besonders:

- Ethylalkohol (Ethanol): als Hauptbestandteil im Brennspiritus enthalten
- Aceton; in Drogeriemärkten bekommt man Aceton als Nagellackentferner
- Waschbenzin
- Isopropanol

Sicherheitshinweise sind zu jeder Zeit zu beachten!

Kräutermischung mit Lösungsmittel (Aceton)

Als Behälter eignet sich eine kleine Keramikschale. Sie sollte recht klein sein, sodass das Material vollständig mit dem Lösungsmittel bedeckt ist.

Nun wird das pflanzliche Material zum aufgelösten DMT hinzugefügt und ordentlich durchgerührt. Wenn nötig, kann weiteres Lösungsmittel hinzugefügt werden, damit alles gut bedeckt ist.

Jetzt heißt es warten. Die Schale wird für mehrere Tage an einen ruhigen Ort gestellt. Das Aceton benötigt ungefähr vier Tage, bis es sich rückstandslos aufgelöst hat und alle Kräuter vollständig durchgetrocknet sind.

Nachdem alles getrocknet ist, wird das Changa erneut abgewogen. Das Gewicht der Kräuter sollte sich zu dem Gewicht des DMT addiert haben.

Pharmahuasca-Herstellung

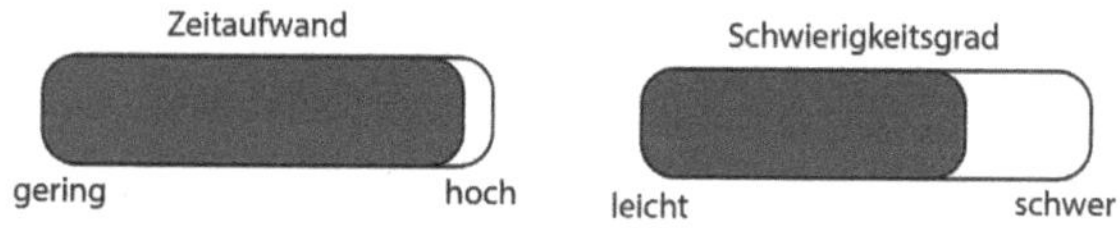

Materialien

- DMT-Fumarat
- Gelatinekapseln
- Harmala-Extrakt

Das entheogene Gebräu Ayahuasca wird traditionell aus der *Banisteriopsis-caapi*-Rebe, die ein potenter MAO-Inhibitor ist, und der DMT-haltigen Pflanze *Psychotria viridis* gebraut. Die Hemmung der Monoaminooxidase ermöglicht es, dass das DMT bis ins Gehirn gelangt, ohne vorher abgebaut zu werden.

Pharmahuasca ist die moderne pharmazeutische Version von Ayahuasca und funktioniert nach demselben Prinzip. Nur werden anstatt der Pflanzenmischung (*Banisteriopsis caapi* und *Psychotria viridis*) deren Extrakte bzw. die extrahierten Wirkstoffe (DMT- und Harmala-Extrakt) verwendet.

Die Stoffe werden jeweils in Gelatinekapseln gefüllt. Die Kapseln mit dem Harmalin/Harmin werden zuerst geschluckt und die Kapsel mit dem DMT 15–20 Minuten später.

Da es sehr lange dauert, bis die freie DMT-Base vom Körper absorbiert wird und das DMT-Hydrochlorid sehr instabil ist, wird für Pharmahuasca vorzugsweise DMT-Fumarat verwendet.

Pharmahuasca-Dosierung

Für Pharmahuasca werden normalerweise 30–50 mg N,N-DMT und 100 mg Harmalin oder 50 mg Harmin pro Person empfohlen. In der Regel ist die Übelkeit umso geringer, je weniger β-Carboline vorhanden sind. Je mehr DMT, desto spektakulärer sind die Visionen. Pharmahuasca kann einen mehrstündigen Rauschzustand hervorrufen, daher ist es besonders wichtig, die Dosierung beim ersten Versuch nicht zu hoch anzusetzen. Es ist somit ratsam, mit einer geringen Menge zu starten, um zu sehen, wie Körper und Geist auf die Mischung reagieren.

Pharmahuasca (hochdosiert) – Tripbericht

Hinweis: Tripberichte sind subjektive Erfahrungswerte, die sich aufgrund von Dosis, Set und Setting von Person zu Person erheblich voneinander unterscheiden können.

Substanzen:
110 mg N, N-DMT, extrahiert aus MHRB
3 g Steppenraute, nicht zerquetscht, in Zitronensaft gekocht und das Wasser auf 230 ml eingedampft.

Reisepläne:
Ursprünglich hatte ich geplant, alles in meinem Fahrzeug einzunehmen und dann einen bestimmten Abschnitt des Appalachian Trail zu erklimmen, bis ich zu einer erhöhten Lichtung kam, auf der ich ein Camp aufbauen und die Spirale fahren konnte. Alles wäre ohne Tripsitter geschehen. Aus diesem Grund entschied ich mich, auf Nummer sicher zu gehen und in meinem Haus zu bleiben.

Setting:
Mein Haus, hauptsächlich mein Zimmer, das sehr entspannend und komfortabel eingerichtet ist und über alles verfügt, was ich brauche.
– Mitbewohner sind bei der Arbeit, niemand zuhause
– Einige Verkehrsgeräusche von der Straße vor dem Haus
– Einige Züge rumpeln und pfeifen gelegentlich von den Gleisen in der Nähe des Hauses
– Geringes Rauschen von Nachbarn

Die Reise:
Hinweis: Ich hatte 18 Stunden lang gefastet und mir für die Reise kein bestimmtes Ziel gesetzt, was meiner Meinung nach ein Fehler war. Ich trank den Steppenrauten-Tee am Samstag um 11.40 Uhr und wartete bis 12 Uhr, um das eingekapselte DMT zu nehmen. In den ersten 1,5 Stunden (12–13 Uhr) saß ich an meinem Schreibtisch und erledigte Dinge online, aber alles, was ich spürte, war eine starke körperliche Trägheit, also beschloss ich, mich hinzulegen und Musik zu hören.

Ich hörte Tapha Niang. Das Lied erreicht seinen Höhepunkt am Ende, und als ich es hörte, fühlte ich Ehrfurcht vor allem und ich sah (mit geschlossenen Augen) viele verrückte, wirbelnde Muster, die mit der Musik einhergingen. Um 14 Uhr hatte ich intensive CEVs (Closed Eye Visuals), die schließlich zu OEVs (Open Eye Visuals) eskalierten. Von 14 Uhr bis 4.30 Uhr trat eine Unschärfe ein. Ich weiß, dass der Höhepunkt um 3.15 Uhr stattfand und bis 4.20 Uhr andauerte, wo die Reise so intensiv und weltfremd war, wie die beim Verdampfen von DMT. Das Thema meiner Reise bestand hauptsächlich aus der Vorstellung des Individuums und unseres Platzes im Universum.

Ich erinnere mich, dass ich einen Mini-Freakout hatte, weil ich, für den Fall, dass die Erde sich dafür entscheidet, Menschen abzulehnen, nicht selbstständig überleben konnte (wie die Abstoßung eines Implantates nach einer Operation). Ich wusste, es war eine verrückte Idee, aber ich hatte Angst, dass ich kein Raumschiff oder kein interplanetares Schiff hätte, mit dem ich flüchten könnte (das lag wohl daran, dass ich Prometheus *in den letzten Wochen vielleicht ein paar Mal zu häufig gesehen hatte).*

Gegen 16 Uhr, als ich aus meinem Bett stieg und ein wenig herumwanderte, war mein Verstand nicht mit meinem Körper verbunden. Die Hand, die ich sah, war nur eine Hand, nicht meine Hand.

Etwa 40 Minuten später, als ich mehr Ich war, fiel mir ein, dass mein Körper auf dieser Reise, die wir Leben nennen, nur ein Gefäß für meinen Geist ist. Es ist nicht das Endziel, sondern nur ein Fahrzeug, um durch diese Realität zu kommen.

Ich begann gegen 16.30 Uhr herunterzukommen, aber die Visuals hörten erst um 17.20 Uhr auf, und um 17.45 Uhr war ich wieder normal.

Anmerkungen:
Die Reise war sehr visuell, innerlich und eine verdammte Explosion. Ich erklärte es einem Freund als eine vierstündige Party für mein Gehirn.

Ich verstehe jetzt, warum viele Rituale am Abend durchgeführt werden oder bis in die Nacht dauern. Die Visuals sind im Dunkeln viel lebendiger.

Ich habe keine Reinigung erlebt und die Übelkeit war sehr gering.

Nächstes Mal werde ich definitiv mehr DMT verwenden, wahrscheinlich 140–160 mg. [20]

Bufotenin (5-HO-DMT)

Vor 350 Jahren erklärte die Kirche: »Die Erde ist das Zentrum des Universums, und jeder, der etwas anderes sagt, ist ein Ketzer«. Heute verkündet die Regierung: »Alle Drogen, die das Bewusstsein erweitern können, sind ohne medizinische oder soziale Rechtfertigung, und jeder, der sie benutzt, ist ein Verbrecher«.

In der Zeit von Galileo sagten die Behörden: »Wir müssen diese mysteriöse Erfindung nicht wirklich durchschauen«. Jetzt sagt die Regierung: »Es gibt keinen Grund, diese mysteriösen Substanzen auszuprobieren«.

In der Vergangenheit sagte die Kirche: »Wie können Sie es wagen, zu behaupten, dass die Erde nicht das Zentrum des Universums ist?« Heute sagt die Regierung: »Wie können Sie es wagen, zu behaupten, dass ein Verständnis von Gott in einem weißen Pulver gefunden werden kann?«

DANIEL PINCHBECK

Bufotenin ist ein psychoaktives Tryptamin-Alkaloid und kommt in Sekreten verschiedener Krötenarten der Gattung *Bufo*, in Pflanzen der Gattung *Anadenanthera, Bromisium* und in einigen Pilzarten sowie im Menschen vor. Bufotenin (5-HO-DMT) weist nicht nur eine strukturelle Ähnlichkeit zu Psilocin (4-HO-DMT) auf, sondern auch zu Halluzinogenen, wie z.B. LSD. Es entfaltet seine Wirkung an Serotoninrezeptoren und birgt somit halluzinogenes Potenzial. Erste Versuche mit Bufotenin am Menschen ergaben kein einheitliches Bild, daher galt die psychoaktive Wirkung lange Zeit als umstritten.

Die Summenformel von Bufotenin als auch von Psilocin ist $C_{12}H_{16}N_2O$.

Sowohl das Rauchen von Krötensekret als auch das psychoaktiv unwirksame, dumme, ja gefährliche Krötenlecken wird erstmals seit den 1980er-Jahren literarisch erwähnt. Doch bereits bei den Azteken und Maya hatte die *Bufo*-Kröte eine wichtige rituelle Bedeutung. Auch die Römer (60–128 n. Chr.) kannten möglicherweise die toxische Wirkung des Krötensekrets. Indigene Völker Südamerikas nutzen bufoteninhaltige Samen und Blätter zur Herstellung eines psychoaktiven Schnupfpulvers.

Die orale Aufnahme des Sekrets ist psychoaktiv nicht nur unwirksam – Bufotenin (wie auch 5-MeO-DMT) ist oral nicht bzw. Bufotenin eventuell erst in sehr hohen Dosierungen (80–150 mg) aktiv –, sondern potenziell lebensgefährlich, da das Sekret oral wirksame Bufotoxine (z.B. Alvarobufotoxin in *Bufo alvarius*) enthält. Beim Rauchen werden die toxischen Bestandteile jedoch zerstört, während das chemisch stabile Bufotenin erhalten bleibt.

Schmelzpunkt
125–126 °C (Freebase)
154–155 °C (Hydrochlorid)

Löslichkeit
Freebase-Bufotenin ist löslich in:
Alkohol, Aceton, Chloroform, Dichlormethan, Dimethylsulfoxid (DMSO), Ethanol, Ether
Bufotenin-Fumarat ist löslich in: Wasser

Vorkommen

Bufotenin ist eine der wenigen psychoaktiven Substanzen, die aus Tieren gewonnen wird. In der Regel wird das Sekret vom Rücken der Kröte »abgemolken«. Dann wird es getrocknet und kann geraucht werden. Das Krötensekret hat antibakterielle und antivirale Eigenschaften und gilt als Verteidigungsmittel gegen Fressfeinde. Weltweit gibt es über 200 Arten der *Bufo*-Kröte, bei denen Bufotenin als Bestandteil eines komplexen Sekrets vorkommt.

Bufotenin wurde in geringen Mengen im menschlichen Urin nachgewiesen und scheint ein normales Abbauprodukt des menschlichen Stoffwechsels zu sein. [21]

Besonderes Augenmerk wurde auf das Vorkommen von Bufotenin im Urin von Patienten mit Schizophrenie oder Autismus gerichtet, da insbesondere bei diesen Urinproben ungewöhnliche hohe Mengen an Tryptaminen gefunden wurden. Höchstwahrscheinlich ist dies auf eine verminderte MAO-Aktivität zurückzuführen. Laut Studien liegt die Bufotenin-Konzentration im menschlichen Urin bei 0,48–218 ng/ml.

In Pflanzen kommt es unter anderem vor in:

- *Anadenanthera peregrina* (Bufotenin in den Samen)
- *Anadenanthera colubrina* (Bufotenin in den Samen)
- *Arundo donax* (Bufotenin im Blatt und im Rhizom)
- Vielen *Phalaris*-Arten (siehe Kapitel »Phalaris«)

Aus 200 g *Paramuricea chamaelon* (Koralle) konnten 10 mg Bufotenin isoliert werden.

Der gelbe Knollenblätterpilz *Amanita citrina* enthält in 1 g Trockenmasse etwa 7,5 mg Bufotenin.

Wirkung und Nebenwirkungen

Bufotenin wird im allgemeinen eine enthemmende, euphorisierende, psilocybinähnliche Wirkung mit akustischen und visuellen Halluzinationen nachgesagt. Zudem können visionäre Effekte auftreten.

Das Pfahlrohr, *Arundo donax*, enthält u.a. Bufotenin im Blatt und im Rhizom

Oral eingenommen zeigt Bufotenin keine Wirkung, da es durch die MAO im Magen-Darm-Trakt rasch abgebaut wird. Erst die Einnahme von beispielsweise harmalinhaltigen Pflanzenteilen ermöglicht eine psychoaktive Wirkung. Auf diese Weise kann die Wirkung auf bis zu zwei Stunden ausgedehnt werden.

Nasal eingenommen liegt die wirksame Dosis bei ca. 40 mg. Die Wirkung setzt bereits nach 5 Minuten ein und kann 1,5–2 Stunden anhalten. Bei hoher Dosierung kann es zu Muskelzittern, Krämpfen und einem völligen Kontrollverlust der Gliedmaßen kommen.

Geraucht erzeugt Bufotenin in Kombination mit Harmin eine angenehme visionäre Wirkung. Der Rausch wird primär visuell beschrieben und kommt ganz ohne Ich-Verlust oder andere erschreckende Effekte aus. Insgesamt wird die Wirkung beim Inhalieren von Bufotenin sanfter, visueller und teilweise fröhlicher als bei N,N-DMT beschrieben. Auch die Wirkdauer ist deutlich länger als die von N,N-DMT.

Eine körperliche oder psychische Abhängigkeit wurde bisher nicht dokumentiert.

Art der Einnahme	Dosierung (mg)
Intranasal	40–100
Sublingual	50
Oral	100
Inhaliert	2-8
Intrarektal	50

Auch wenn Bufotenin in seiner chemischen Struktur dem DMT oder Psilocybin sehr ähnelt, bestehen große Unterschiede in der Wirkung.

Forschung von Jonathan Ott

In seinen Selbstversuchen mit Bufotenin geht Jonathan Ott leider nicht sehr detailliert auf die Wirkung von Bufotenin ein, allerdings betont er, dass er keinerlei Schwierigkeiten hätte, 5-MeO-DMT, N,N-DMT und Bufotenin voneinander zu unterscheiden. Dennoch scheint besonders bei Bufotenin die Art der Einnahme eine bedeutende Rolle zu spielen. Bei der oralen oder nasalen Einnahme resultieren oftmals eher unangenehme körperliche Nebenwirkungen, wie Übelkeit, Erbrechen, Schwindelgefühle, Kopfschmerzen, Verlust der Kontrolle über die Gliedmaßen, Kreislaufprobleme etc. Beim Inhalieren der freien Base sollen diese Beschwerden größtenteils nicht auftreten.

Jonathan Ott beschreibt in seinen Selbstversuchen mit Freebase-Bufotenin eine Wirkdauer von 60–90 Minuten, bei oraler Einnahme sogar bis zu 2 Stunden. Allerdings ganz ohne unangenehme Nebenwirkungen wie Übelkeit und Erbrechen. [22]

Rechtsstatus

Bufotenin unterliegt nicht dem BtMG. Besitz und Erwerb sind in Deutschland nach dem Betäubungsmittelrecht nicht strafbar, dennoch ist davon auszugehen, dass Bufotenin unter die Definition von §2 Abs. 1 des AMG fällt, sobald es für die Anwendung an Mensch oder Tier bestimmt ist. Zumeist enthalten bufoteninhaltige Naturprodukte [23] jedoch auch den Wirkstoff DMT, der dem BtMG (Anlage I: Nicht verkehrsfähige Betäubungsmittel) unterliegt. Somit können Herstellung, Einfuhr, Erwerb, Besitz und Weitergabe/Handel von Bufotenin strafbar sein, wenn mit einem Naturprodukt und nicht dem Reinstoff umgegangen wird.

DMT-haltiger Schnupftabak

Der rituelle Gebrauch von psychoaktiven Schnupfpulvern ist bei indigenen Stämmen Südamerikas weit verbreitet. Seit wann Substanzen geschnupft werden, ist nicht überliefert. Das älteste Schnupfgerät, das bisher bei archäologischen Ausgrabungen gefunden wurde, wird jedoch auf 3000 v.Chr. datiert. Die Wissenschaft ist sich mittlerweile sicher, dass *Anadenanthera*-Samen bereits damals für die Zubereitung eines psychoaktiven Schnupfpulvers verwendet wurden.

Allgemein werden die Schnupfpulver von den indigenen Ethnien benutzt, um sich mit dem großen allumfassenden Geist zu verbinden, höhere Wirklichkeiten zu entdecken und mit Wesen, die im Alltagsbewusstsein unsichtbar sind, Kontakt aufzunehmen. Auch von Jägern wird berichtet, die Schnupfpulver zu sich nehmen, um ihre Beute ausfindig zu machen.

In der Mythologie der Desana hat die Sonne in der Urzeit Vihö-mahse, das »Schnupfpulverwesen« geschaffen, damit es zwischen den Menschen und dem Schöpfer (dem Sonnengott) durch Halluzinationen den Kontakt herstellen kann. Das eigentliche Schnupfpulver stammt aus dem Besitz des Sonnengottes selbst, der es in seinem Bauchnabel verborgen hielt, bis die Tochter des Sonnengottes ihn dort kratzte und so das Pulver entdeckte. Vihö-mahse lebt gewöhnlich in der Milchstraße der »blauen Zone« der Halluzinationen und Visionen, und ist ständig in Trance. Dorthin kann der Schamane mithilfe des irdischen Schnupfpulvers gelangen und mit Vihö-mahse Kontakt aufnehmen (RÄTSCH 1998: 795).

Konsumiert werden die Schnupfpulver mit besonderen Hilfsmitteln. Zum Einsatz kommen dabei bestimmte Röhren, mit denen man sich das Pulver selber in die Nase blasen kann *(kuripe)* oder bei der das Pulver von einer anderen Person herausgeblasen wird (*tepi*, siehe Abbildung). Auch Y-förmige Werkzeuge sind bekannt, bei denen beide Nasenlöcher gleichzeitig gestopft werden.

Bei den Yanomami, einem indigenen Volk in Nordbrasilien, ist der Gebrauch eng mit der Kultur verflochten. Nicht nur Schamanen, sondern alle Männer des Stammes dürfen das Schnupfpulver täglich zu sich nehmen. Sogar Jungen im Alter von sechs Jahren ist der Konsum erlaubt. Die Yanomami glauben, dass sie mithilfe des Pulvers Geistwesen (Naturgeister) kontaktieren können.

Auch bei der Behandlung von Patienten wird von Schamanen berichtet, die vorher Schnupfpulver einnehmen, um die Ursache der Erkrankung besser erkennen zu können.

Blüten des Yopobaums *(Anadenanthera peregrina)*

Rituelle Pflanzen für einen psychoaktiven Schnupftabak

Der Yopobaum (*Anadenanthera peregrina*)

Samen der Gattung *Anadenanthera* sind, aufgrund ihrer psychoaktiven Inhaltstoffe (Tryptaminderivate wie N,N-DMT, 5-MeO-DMT und Bufotenin), im besonderen Maße für die Herstellung eines psychoaktiven Schnupftabaks geeignet. Alle anderen Pflanzen, die dem Pulver beigemischt werden, sind nur Zusätze und entfalten alleine, wenn überhaupt, nur eine geringe psychoaktive Wirkung. Wahrscheinlich ist es eher das Zusammenspiel (Synergie) mit anderen Wirkstoffen, weshalb bestimmte Pflanzen substituiert werden.

Yopobaum

Yopo-Samen

Yopo-Samen kommen von verschiedenen Arten von *Anadenanthera*-Bäumen wie *A. peregrina, A. colubrina, A. excelsa* oder *A. macrocarpa* und enthalten hauptsächlich 5-HO-DMT (Bufotenin) und etwas 5-MeO-DMT, N,N-DMT und andere Alkaloide. Dieser Schnupftabak wird unter anderem auch Yopo, Jopo und Cohoba genannt.

Yopo-Samen

Familie: Hülsenfrüchte (Fabaceae)

Verwendete Pflanzenteile: Samen, Fruchtschoten (mit Samen) und Rinde

Wirkung: Halluzinogen, Entheogen. Nasal aufgenommen, erzeugt das Samenpulver eine psychedelische bzw. visionäre Wirkung, die 5 Minuten nach der Einnahme einsetzt. Je nach Dosierung wird von Ich-Auflösungen und Wiedergeburtserlebnissen berichtet.

Der gesamte Körper beginnt sich zu erwärmen und es breitet sich ein angenehmes Kribbeln im ganzen Körper aus. Man empfindet ein Körperbewusstsein und ein Unwohlsein, welches einen dazu veranlasst, den Körper durch Erbrechen zu reinigen. Dies dient der körperlichen Entgiftung und der Freilegung aller energetischen Kanäle.

Die Wirkung klingt langsam nach 10–15 Minuten ab, kann aber noch nach einer Stunde spürbar sein.

Rechtslage: Die Yopo-Pflanze ist nicht im BtMG aufgeführt und der Besitz damit legal. Da das Yopo-Pulver allerdings illegale Substanzen wie DMT enthält, kann es auch als ebenso illegale Zubereitung betrachtet werden. [24]

Cebíl (*Anadenanthera colubrina*)

Familie: Leguminosae (Hülsenfrüchtler)
Gattung: *Anadenanthera*
Herkunft und Verwendung: *Anadenanthera colubrina* und die Varietät *Anadenanthera colubrina* var. *cebil* kommen geografisch streng getrennt vor. Während *Anadenanthera colubrina* nur im östlichen Brasilien vorkommt, kann die Varietät *Anadenanthera colubrina* var. *cebil* in Argentinien, Bolivien, Paraguay, Peru und im südöstlichen Brasilien angetroffen werden.

Die Cebíl-Samen wurden bereits vor über 4500 Jahren von bestimmten Ureinwohnern geraucht. Der Gebrauch als Schnupfpulver wurde erstmals im Jahr 1580 dokumentiert. Genau wie Yopo (aus dem verwandten Baum *Anadenanthera peregrina*), wird Cebíl in schamanistischen und religiösen Ritualen verwendet. In einigen Orten ist Cebíl als Villca bekannt, was in Quechua-Sprachen »heilig« bedeutet. In bestimmten Gegenden Südamerikas soll es einen psychoaktiven Cebíl-Wein »vino de cebíl« gegeben haben. Ein genaues Rezept ist leider nicht überliefert.

Ein Tee aus Cebílsamen soll bei Verdauungsbeschwerden, Fieber, Melancholie und bei Kopfschmerzen Anwendung finden.
Hauptwirkstoffe: In den Samen sind Tryptamine enthalten, allen voran Bufotenin. Weiterhin enthalten die Samen Spuren von 5-MeO-MMT, DMT, DMT-N-Oxid sowie Bufotenin-N-Oxid. Die Inhaltsstoffe variieren etwas zwischen den verschiedenen Varietäten.
Wirkung: Die Wirkung wird von den Konsumenten oft sehr ähnlich beschrieben. Unmittelbar nach dem Konsum beschleunigt sich der Puls und die Betroffenen verspüren ein Kribbeln und einen gewissen Druck im Körper. Sind die physischen Nebenwirkungen abgeklungen, folgen visuelle Effekte und Visionen. Häufig wird von geometrischen Formen, Mustern und schmelzenden oder tropfenden Objekten berichtet.

Das Besondere bei Cebíl-Pulver ist, dass die Visionen wohl am häufigsten in Schwarzweiß auftreten. Im Gegensatz zu *Anadenanthera peregrina* scheint Cebíl tendenziell weniger intensiv und von kürzerer Wirkdauer.

Talgmuskatnussbaum (*Virola* ssp.)

Einige Stämme verwenden die Rinde verschiedener *Virola*-Arten, wie *V. theiodora, V. calophylla, V. calophylloidea, V. cuspidata, V. elongata, V. peruviana* oder *V. sebifera,* um einen psychoaktiven Schnupftabak herzustellen. *Virola*-Rinde enthält üblicherweise DMT und MAO-Inhibitoren. Der Gehalt an Alkaloiden variiert stark zwischen den verschiedenen *Virola*-Arten.

Die einzelnen *Virola*-Bäume, die 40–60 Arten umfassen, sind schwer voneinander zu unterscheiden.

Botanischer Name: *Virola sebifera,* Syn.: *Myristica sebifera* u.a.

Familie: Muskatnussgewächse (Myristicaceae)

Verwendete Pflanzenteile: Baumrinde bzw. Harze

Vorkommen: Zentralamerika, Südamerika

Inhaltsstoffe: Viele *Virola*-Arten enthalten Tryptamine (N,N-DMT, 5-MeO-DMT, ß-Carboline u.a.); manche, z.B. *Virola cuspidata,* sogar Harmanderivate (6-Methoxyharmalan, 6-Methoxyharman, 6-Methoxytetrahydroharman). Die meisten untersuchten *Virola*-Arten enthalten jedoch hauptsächlich DMT-Verbindungen. In der Rinde wurden MMT, DMT und 5-Meo-DMT nachgewiesen. Im Harz von *Virola* konnten sogar 8% 5-MeO-DMT nachgewiesen werden.

Wirkung: Die Wirkung des *Virola*-Schnupfpulvers ist mit der von Yopo zu vergleichen, wird aber auch als sehr heftig und als nicht angenehm beschrieben. (Rätsch 1998: 532). In großen Mengen kann es zu starken Kopfschmerzen sowie einer allgemeinen ausgeprägten Konfusion (Durcheinandersein, Verwirrung) führen. Schamanen fallen nach dem Konsum in einen Trancezustand, der von Träumen und Visionen begleitet wird. Es wurden sogar Todesfälle nach der Einnahme von *Virola*-Schnupftabak berichtet.

Virola-Schnupftabak: Herstellung

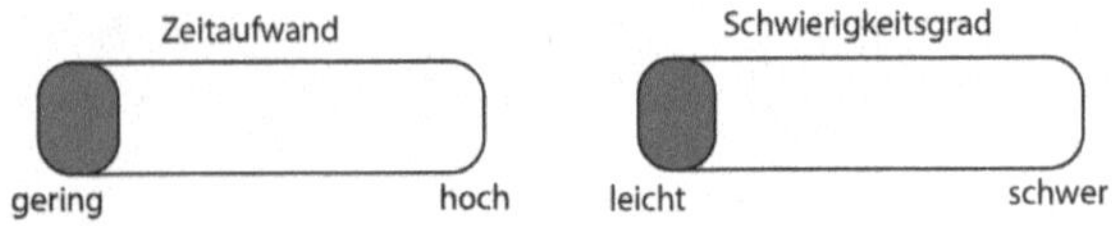

Materialien
Herd/Feuer
Virola-Rinde
Mörser
Kräuter zum Verfeinern *(Justicia pectoralis)*
Elizabetha princeps

Traditionelles *Virola*-Schnupftabakrezept

Zur Herstellung eines psychoaktiven Schnupfpulvers eignet sich ausschließlich das Harz bzw. die innere Rinde des *Virola*-Baumes. Traditionell werden lange Streifen der inneren Rinde herausgeschnitten und zum Trocknen neben ein Feuer gelegt. Das austretende rote Harz wird daraufhin von der Rinde abgesondert und kann leicht abgeschabt werden. Danach wird es mit getrockneten Blättern und Pflanzenasche von *Justicia pectoralis* zu einem feinen Puder vermischt.

1. Im ersten Schritt müssen Späne der inneren Rinde abgeschabt und in der Pfanne bei mittlerer Hitze geröstet werden. Durch das Rösten wird das alkaloidhaltige Harz freigesetzt.
2. Als Nächstes müssen die Späne zerkleinert und mit einem Mörser zu einem feinen braunen Pulver zerstampft werden.
3. Nun werden getrocknete, fein zerkleinerte Blätter von *Justicia pectoralis* dem *Virola*-Pulver in einem Verhältnis von 50 : 50 hinzugegeben.
4. *Justicia pectoralis* soll die nasale Aufnahme erleichtern und dem Schnupfpulver eine angenehme Note verleihen.
5. Jetzt fehlt nur noch die Pflanzenasche. Dazu wird *Elizabetha-princeps*-Rinde zu Asche eingebrannt. Manche Stämme verwenden hierfür auch die Rinde des Kakaobaumes oder Muschelkalk. Die Pflanzenasche ermöglicht die Pulverisierung des klebrigen Harzes und soll zudem als Wirkverstärker dienen.
6. Nun wird auch die Asche den anderen Zutaten im Verhältnis 50 : 50 hinzugegeben.

Yopo-Schnupftabak: Herstellung

Zur Herstellung eines traditionellen Schnupftabaks werden *Anadenanthera-peregrina*-Samen getrocknet und anschließend über offener Flamme geröstet, bis die Schale aufplatzt.

Nachdem die Hülsen entfernt wurden, können die Samen mit einem Mörser zu feinem Pulver zerstoßen werden.

Die traditionellen Schnupfpulver werden immer mit alkalischer Pflanzenasche zubereitet. Nicht traditionelle Schnupfpulver kommen auch ohne aus.

Dem zerstoßenen Pulver wird im nächsten Schritt Pflanzenasche oder Muschelkalk hinzugegeben.

Diese Mischung wird dann durch Zugabe von etwas Wasser zu einer dicken Paste verarbeitet und zu einer Kugel geknetet. Diese wird für ein paar Stunden oder Tage zum Trocknen an der Luft stehen gelassen. Durch das Trocknen reagiert der Kalk mit dem Kohlendioxid in der Luft (Karbonisierung) und macht die Einnahme wesentlich angenehmer.

Die Paste kann nach dem Trocknen fein zerstoßen und durch Schnupfröhrchen geschnupft werden.

Die nasale Einnahme von Yopo-Schnupfpulver ist keine angenehme Angelegenheit, und bevor man die ersten lebendigen Muster und Formen wahrnimmt, wird man sich zuerst mit unangenehmen Nebenwirkungen wie Kopfschmerzen, Übelkeit und Erbrechen auseinandersetzen müssen.

Einige Stämme kombinieren Yopo mit *Banisteriopsis-caapi*-Tee, um die visionären Effekte zu verstärken und zu verlängern, wodurch eine ähnliche Erfahrung wie bei Ayahuasca entsteht.

Die Wirkung von Yopo ohne MAOI hält in etwa 15 Minuten an und flacht dann ab. Die Nachwirkungen können allerdings noch für mindestens eine Stunde andauern.

Neueste Forschungen bestätigen, dass Bufotenin der Hauptbestandteil von Yopo ist und DMT und 5-MeO-DMT nur in geringen Mengen vorkommen.

Es wird empfohlen, mit einer niedrigen Dosierung zu beginnen. Die Menge von einer erbsengroßen Portion pro Nasenloch sollte zu Beginn nicht überschritten werden.

Einfaches, modernes Yopo-Schnupftabakrezept

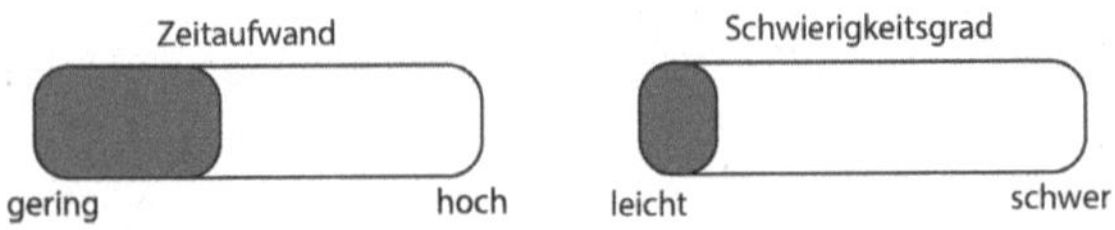

Materialien

- Yopo-Samen
- Herd
- Pfanne
- Mörser
- Natriumbikarbonat

1. Die Samen werden in einer Pfanne bei mittlerer Hitze geröstet, bis sie aufplatzen.
2. Die Schale wird entfernt und die Samen mit einem Mörser oder einer Kaffeemühle zu feinem Pulver verarbeitet.
3. Danach wird 1 Teil Natriumcarbonat mit 3 Teilen Samenpulver vermischt. Bereits ein Anteil von 13% Natriumcarbonat in der Gesamtmischung reicht aus, um so gut wie alle Alkaloide in ihre Basenform umzuwandeln.
4. Dann wird eine geringe Menge Wasser der Mischung hinzugefügt, um eine Paste herzustellen.
5. Die Paste wird zum Trocknen gelegt und anschließend zu einem feinen Pulver verarbeitet.

Cebíl-Schnupftabak: Herstellung

Zeitaufwand: gering – hoch

Schwierigkeitsgrad: leicht – schwer

Materialien

- Cebíl-Samen
- Herd
- Pfanne
- Mörser

Die reifen Samen können bei mittlerer Hitze in einer Pfanne erwärmt werden, bis sie aufplatzen. Die Samen dürfen dabei nicht übermäßig erhitzt werden, da sonst die Wirkstoffe verloren gehen könnten. Auf der anderen Seite sollten die Samen auch nicht zu wenig geröstet werden, da sonst eine klebrige Masse entsteht, die sich nicht zum Konsum eignet.

Die gerösteten Samen werden mit einem Mörser oder einer Kaffemühle fein zerstoßen. Das Pulver kann dann geschnupft werden.

Um eine intensive halluzinogene Wirkung zu erzielen, werden etwa 1 g (entspricht etwa dem Gewicht eines großen Samens) des Pulvers benötigt. Es ist jedoch ratsam, mit geringeren Dosen unter 200 mg zu beginnen.

Die Wirkung des Cebíl-Schnupfpulvers ist stark halluzinogen und hält etwa 20 Minuten an. Nach wenigen Minuten treten bei geschlossenen Augen visuelle Halluzinationen auf, die oft nur schwarz-weiß erscheinen. Nur in seltenen Fällen treten starke Visionen auf.

Kokain scheint eine positive Wirkung auf die Nebenwirkung des Schnupfpulvers zu haben.

Als Nebenwirkung wird ein Gefühl von körperlicher Schwere berichtet. Übelkeit und Erbrechen als Nebenwirkungen sind nicht dokumentiert.

Yopo-Schnupfpulver – Tripbericht

Hinweis: Tripberichte sind subjektive Erfahrungswerte, die sich aufgrund von Dosis, Set und Setting von Person zu Person erheblich voneinander unterscheiden können.

Aufgeteilt wurde das Pulver auf je zwei dicke Lines pro Person. Das Setting war ein warmer Sommerabend in einem nahezu dunklen Schlafzimmer mit einem großen Bett und leisem Psychedelic Rock als Hintergrundmusik. Ausgestattet waren wir dann noch mit zwei Eimern, wegen dem wahrscheinlichen Fall des Übergebens, und einem Joint.

Als ich die zwei Lines in meine Nase befördert hatte, fiel mir zunächst das unangenehme und brennende Gefühl auf. Angenehm fand ich Schnupfen noch nie, aber das Zeug ist nicht gerade sanft. Nach ein paar Atemzügen merkte ich sofort, wie meine Herzfrequenz nach oben ging, mein Gesicht und meine Glieder wurden auf unglaublich starke Art und Weise durchblutet und fühlten sich an, als ob sie eine Aura entwickeln würden. Ich musste mich sofort zurücklehnen, um von diesem starken Bodyhigh nicht überwältigt zu werden. Kurz darauf setzten dann auch die Halluzinationen ein. Jedes Blinzeln erzeugte quadratförmige Gitternetze, ähnlich wie Millimeterpapier, allerdings bestanden die Linien, die es formten, aus einem blauen Licht oder Laser. Das nun schon stark intensive Körpergefühl entwickelte sich in ein kurzes Unwohlsein, dessen ich mich dann durch einen kleinen Exkurs zur Kloschüssel entledigte. Das muss man als negativen Nebeneffekt erwähnen, aber es tat dem Trip keinen Abbruch. Das war ungefähr 5 Minuten nach dem Einnehmen.

Inzwischen hatte die Kloschüssel eine intensiv neongrüne Farbe entwickelt, die auch aus dem Wasserhahn, den ich später betätigte, zu fließen schien. Die Quadrate hatten sich verabschiedet und LSD-artige Formen und Bewegungen der Lichter, Poster und blanken Wände hatten von mir Besitz ergriffen.

Nach ungefähr zehn Minuten hatte ich meinen absoluten Peak erreicht. Ein grün leuchtender Kopf, der nicht größer als die Nase eines Menschen war, mit insektenähnlichen Zügen, erschien etwa zwei Sekunden lang vor meinen Augen. Auf dem Gang hinunter zum Schlafzimmer erschienen mir Beine eines Wesens. Es waren nur die Beine, mit umgekehrten Kniegelenken, so wie man sich den Unterbau eines, ich will nicht sagen Alien, aber ja, eines Aliens vorstellt.

Und dann kam das Interessanteste an dem Trip. Die Laserstrahlen, die zuvor die Quadrate geformt hatten, begannen sich in einem Zentrum zu bündeln. Ich schloss meine Augen, und die Strahlen bildeten einen Tunnel und in ihrer finalen Bündelung ein Licht oder Energiezentrum an seinem Ende. In diesem Licht stand jemand und wollte mir etwas zeigen. Die Versuche, diesen Jemand zu treffen, blieben erfolglos, und die Vision verlor sich nach ein paar Minuten, um sich auf eine neue Bewegung oder Verformung der Wirklichkeit zu konzentrieren. Das intensive Körpergefühl begleitete mich die ganze Zeit.

Nach ungefähr dreißig Minuten setzten die ersten Wellen des Nachlassens ein, und ein sehr angenehmer Afterglow stellte sich ein. Ich bin ein Konsument, der sich auch auf das »Runterkommen« freut. Die Gedanken zu sortieren und sich mit Freunden auszutauschen, dabei einen zu rauchen und gemütlich zu landen, macht mir sehr viel Spaß. Und genau das ist auch passiert: Wir waren zu viert und konnten unsere verschiedenen Erlebnisse beschreiben und uns in weiterführenden Theorien verlieren.

Fazit: Die Wirkung ist auf körperliche sowie halluzinogene Art und Weise sehr gut. Das Körpergefühl kann zunächst sehr überwältigend sein und kann, wie in unserem Falle, auch zum Sich-Übergeben führen. Bei der nächsten Zubereitung würde ich vielleicht auf 4 Samen pro Person zurückschrauben und nach der Dosierung für ausreichend starke Effekte ohne Nebenwirkungen suchen. Ein ruhiges und dunkles Setting kann den tieferen, schamanischeren Charakter der Substanz fördern. Musik, Bilder oder Farben können dem Trip ein mehr spielerisches und intensiv halluzinogenes Image geben. Beides war in den dreißig Minuten auf seine eigene Art sehr intensiv. [25]

5-HO-DMT (Bufotenin) - Extraktion aus Samen von *Anadenanthera colubrina*

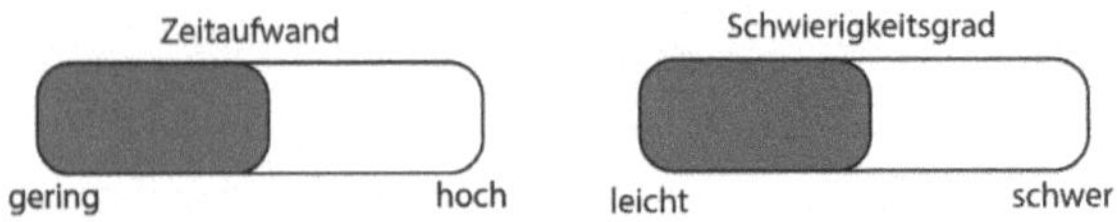

Materialien

- Cebíl-Samen (*Anadenanthera colubrina*)
- Mixer
- Natriumcarbonat oder Kaliumhydroxid
- trockenes Aceton
- Kaffeefilter
- Glasbehälter
- Zitronensäure
- Destilliertes Wasser

Um 5-HO-DMT selektiv zu extrahieren, sind folgende Regeln sehr hilfreich:

1. Freebase-N,N-DMT und 5-MeO-DMT sind in Naphtha, Heptan, Xylol oder d-Limonen löslich.
2. Freebase 5-HO-DMT ist unlöslich in Naphtha, Heptan, Xylol oder d-Limonen.
3. Freebase 5-HO-DMT ist in DCM (Dichlormethan), Ether, Aceton oder Chloroform löslich.

Extraktion

1. Zunächst werden 100 g Cebíl-/Villca-Samen (*Anadenanthera colubrina*) mithilfe einer Kaffeemühle oder eines Küchenmixers pulverisiert.

2. Danach wird dem Pulver destilliertes Wasser und Natriumcarbonat hinzugefügt, bis aus dem Pulver eine teigartige Masse entsteht.

   Hinweis: Man kann Kalziumhydroxid anstatt Natriumcarbonat (Na_2CO_3) verwenden.

3. Der »Teig« wird 10 Minuten kräftig gerührt und danach zum Trocknen gelegt. Er darf für den nächsten Schritt kein Wasser enthalten.

4. Nun wird der Teig erneut pulverisiert und in 500 ml trockenem Aceton aufgelöst. Die Feststoffe müssen als nächstes vom Aceton getrennt werden.

Dazu wird das Aceton durch einen Kaffeefilter gefiltert. Dieser Vorgang wird solange wiederholt, bis das Aceton fast klar ist.

5. Das Aceton kann nun bis auf 100 ml bei Raumtemperatur verdunstet werden.

6. Dem Aceton wird anschließend eine 10%ige Zitronensäurelösung hinzugefügt, bis keine Stoffe mehr aus der Lösung fallen. Es werden etwa 30 ml der Zitronensäurelösung für 100 g Samen benötigt.

   Hinweis: Um eine 10%ige Zitronensäurelösung herzustellen, löst man 10 g Zitronensäure in 100 ml trockenem Aceton. Da es einige Zeit dauert, bis sich die Zitronensäure im Aceton löst, sollte man bereits vor der Extraktion die Lösung herstellen.

   Als Nächstes muss das Aceton von den ausgefallenen Stoffen getrennt werden. Dazu kann es vorsichtig abgegossen oder wahlweise mithilfe eines Kaffeefilters filtriert werden. Das Aceton kann dann entsorgt werden.

7. Die ausgefallenen Stoffe (Niederschlag) werden zum Trocknen gelegt. In dem Niederschlag befindet sich nun hauptsächlich Bufotenincitrat. Um dieses in eine konsumfähige Form zu bringen, muss es im nächsten Schritt in die Basenform umgewandelt werden.

8. Der Masse wird langsam Natriumcarbonat oder Kalziumhydroxid hinzugefügt, bis aus der klebrigen Masse ein trockenes Pulver entstanden ist. Dem Pulver muss dann wieder destilliertes Wasser hinzugefügt werden, bis die Konsistenz eines Teiges erreicht ist. Die Masse wird erneut 10 Minuten lang gerührt und muss anschließend wieder trocknen.

9. Im letzten Schritt wird die trockene Masse zu Pulver zermahlen und anschließend in 100 ml Aceton aufgelöst. Die Feststoffe werden erneut mithilfe eines Kaffeefilters herausfiltriert. Der Vorgang wird mehrere Male wiederholt, bis das Aceton fast klar ist.

   Nun wird nur noch das Aceton bei Raumtemperatur verdunstet. Zurück bleibt fast reines, rauchbares Bufotenin.

Trennung der DMT-Formen

5-MeO-DMT und 5-HO-DMT von N,N-DMT trennen

Möchte man 5-MeO-DMT und 5-HO-DMT von N,N-DMT trennen, kann man sich an den folgenden zwei chemischen Regeln orientieren:

1. 5-MeO-DMT-Citrat und 5-HO-DMT-Citrat sind in Aceton nahezu unlöslich.
2. N,N-DMT-Citrat hingegen ist in Aceton sehr gut löslich (wasserfreies/trockenes Aceton).

Aufgrund der unterschiedlichen Löslichkeit bietet sich folgende Vorgehensweise an:

1. Das Gemisch aus 5-HO-DMT, 5-MeO-DMT und N,N-DMT wird in einer kleinen Menge Aceton aufgelöst.

2. Danach kann man der Lösung eine 10%ige Zitronensäurelösung hinzugeben (zur Herstellung einer 10%igen Zitronensäurelösung siehe Abschnitt »Bufotenin-Extraktion«). 5-HO-DMT und 5-MeO-DMT fallen dabei aus der Lösung und setzen sich am Boden des Behälters ab, während das DMT im Aceton zurückbleibt.

   Es wird so lange Zitronensäurelösung hinzugefügt, bis keine Alkaloide mehr aus der Lösung fallen.

   Wenn sich alle Stoffe am Boden abgesetzt haben, kann das Aceton mithilfe eines Kaffeefilters filtriert und in einen separaten Behälter gegeben werden. Das Aceton kann nun verdampft werden, um das reine N,N-DMT zu erhalten.

5-MeO-DMT von 5-HO-DMT trennen

Nachdem bereits N,N-DMT von 5-MeO-DMT und 5-HO-DMT getrennt wurde, sind nun die beiden verbleibenden Stoffe an der Reihe. Wie bereits erläutert wurde, ist 5-MeO-DMT in Naphtha löslich, 5-HO-DMT jedoch unlöslich.

So gelingt es, die beiden Substanzen in nur wenigen Schritten voneinander zu trennen:

1. Sollten 5-MeO-DMT und 5-HO-DMT noch als Citrat vorliegen, müssen die Substanzen zunächst in ihre freie Basenform umgewandelt werden. Dazu wird 5-MeO-DMT und 5-HO-DMT in etwas Wasser aufgelöst und anschließend mit Natriumcarbonat basifiziert. Dafür sollte der pH-Wert mit einem Teststreifen im Auge behalten werden.

2. Jetzt kann der Lösung genügend Naphtha hinzugefügt werden. Das 5-MeO-DMT geht in das Lösungsmittel über, während das 5-HO-DMT aus der Lösung fällt und sich am Boden absetzt.

   Das Naphtha kann nun abgesaugt und zum Verdampfen in einen separaten Behälter gegeben werden. Das 5-HO-DMT am Boden kann mit etwas Naphtha herausgespült und durch einen Kaffeefilter gegeben werden. Nun muss man nur noch warten, bis sich das gesamte Lösungsmittel restlos verflüchtigt hat.

5-Methoxy-N,N-Dimethyltryptamin

Viele von uns, die die Wirkung von Psychedelika erfahren haben, betrachten sie als heilige Werkzeuge. Sie öffnen das spirituelle Bewusstsein.

STANISLAV GROF

Als ich das erste Mal 5-MeO-DMT geraucht habe, hat es mich umgehauen. Ich sehe das Leben anders, ich sehe die Menschen anders. Es ist fast so, als würde man sterben und wiedergeboren werden ... Es ist unvorstellbar.

MIKE TYSON

In uns steckt eine Fülle von Informationen ... versteckt im genetischen Material jeder unserer Zellen. Ohne Zugangsmöglichkeiten ist es nicht möglich, das Ausmaß und die Qualität der vorhandenen Informationen zu erraten. Psychedelika ermöglichen die Erforschung dieser inneren Welt und gebe uns Einblicke in ihre Natur.

ALEXANDER SHULGIN

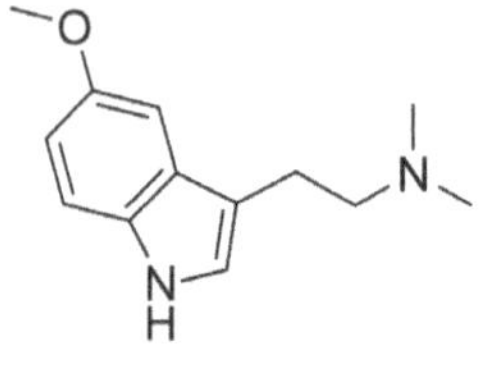

5-Methoxy-N,N-Dimethyltryptamin (auch bekannt als 5-MeO-DMT) ist eine natürlich vorkommende psychedelische Substanz aus der Stoffklasse der Tryptamine. Strukturell ist 5-MeO-DMT eng mit N,N-DMT, 5-HO-DMT (Bufotenin) und 4-HO-DMT (Psilocin) verwandt, wobei die Wirkung von 5-MeO-DMT im Vergleich zu anderen Tryptaminen als besonders stark und intensiv beschrieben wird.

So wie andere Halluzinogene bindet auch 5-MeO-DMT an die Serotoninrezeptoren im Körper. Zwar ist der genaue Wirkmechanismus unzureichend erforscht, dennoch soll 5-MeO-DMT eine hohe Affinität zu 5-HT-1A- und 5-HT-2-Rezeptoren aufweisen.

▶ Stoffe, die sich an den 5-HT-1A-Rezeptor binden, haben potenziell eine angstlösende Wirkung. Exemplarische Beispiele sind Cannabidiol (CBD), Buspiron und Serotonin.

Pharmakologische Forschungen belegen, dass 5-MeO-DMT auf künstlich gezüchtetem Nervengewebe die Aktivität hunderter wichtiger Gene verändert – darunter auch solche, die an der Bildung von Erinnerungen beteiligt sind. Zudem besitzt 5-MeO-DMT nachweislich entzündungshemmende Eigenschaften.

5-MeO-DMT findet sich in verschiedenen Pflanzen- und Tierarten und konnte auch im menschlichen Blut, Urin und im Hirnwasser nachgewiesen werden.

In Pflanzen findet man 5-MeO-DMT vor allem innerhalb der Familie der Hülsenfrüchtler (Fabaceae), beispielsweise in den Samen von *Anadenanthera colubrina* (auch bekannt als Cebíl oder Villca) sowie in den Samen und in der Rinde der *Anadenanthera peregrina* (Yopo). Bei den Tieren wurde es im Hautdrüsensekret einiger Krötenarten wie der *Rhinella marina* (Aga-Kröte) und der *Incilius alvarius* (Coloradokröte) gefunden, manchmal sogar in Mengen von bis zu 15 Vol.-%.

Schmelzpunkt
69–70 °C (Freebase)
145–146 °C (Hydrochlorid)

Löslichkeit
Freebase-5-MeO-DMT ist in 96%igem Ethanol löslich.

Geschichte

Die traditionelle Verwendung von 5-MeO-DMT in Südamerika reicht hunderte, wenn nicht sogar tausende von Jahren zurück. Das belegen Ausgrabungen in Nord-Chile, bei denen uralte Schnupfpulver mit Rückständen von 5-MeO-DMT gefunden wurden.

Ab den frühen 70er-Jahren konnte 5-MeO-DMT in den USA von der »Church of the Tree of Life« und von der »Church of the Toad of Light« legal bestellt werden. Doch erst in den 1990ern gewann 5-MeO-DMT durch den Ethnobotaniker Jonathan Ott an Popularität. Seit 2011 stellt der Konsum und der Besitz von 5-MeO-DMT in den USA offiziell eine Straftat dar. Zwar ist 5-MeO-DMT bis heute illegal, doch wurden verwandte Substanzen und Substanzträger wie N,N-DMT, Magic Mushrooms, Peyote und Ayahuasca in verschiedenen Bundesstaaten der USA entkriminalisiert und für die Forschung am Menschen freigegeben. Psychedelika sollen vor allem in der Psychotherapie eingesetzt werden, wo konventionelle Medikamente bisher an ihre Grenzen stoßen.

Wirkung

Die Wirkung von 5-MeO-DMT ist vor allem eines – wahnsinnig intensiv! Bereits wenige Sekunden nach der Inhalation verliert man die Kontrolle über seinen Körper und die Wahrnehmung verschiebt sich von außen nach innen. Konsumenten berichten von hellen Farben, einer bewegenden Umgebung und fraktalen Mustern. Im Gegensatz zu N,N-DMT sind die visuellen Effekte jedoch wesentlich schwächer. Die Erfahrung wird vielmehr als »Perspektivenwechsel« beschrieben, der durch körperliche, emotionale und konzeptionelle Wirkungen gekennzeichnet ist.

Als häufige Nebenwirkung wird die Verbesserung der taktilen Wahrnehmung (alles, was über die Rezeptoren der Haut wahrgenommen wird) und die darauf folgende sensorische Überlastung des Körpers (body load) beschrieben. Intensive Emotionen sind üblich und reichen von extremer Angst bis zu Euphorie. Ein überwältigendes Gefühl der Einheit mit dem Universum zu erleben, ist ein wesentlicher Bestandteil der Erfahrung. Das Konzept des »Ich« als separate Entität geht dabei völlig verloren. Auch können Effekte wie auditive Halluzinationen, Zeitverzerrung, Übelkeit und Gedächtnisverlust auftreten.

Konsum

In seiner kristallinen Form (als Freebase oder Salzform) wird 5-MeO-DMT häufig verdampft oder geschnupft. Die Wirkung tritt beim Verdampfen fast unverzüglich innerhalb der ersten 30 Sekunden ein. Die maximale Wirkung entfaltet sich schnell und erreicht ihren Peak innerhalb weniger Minuten. Die Wirkung kann je nach Dosierung zwischen 5–15 Minuten anhalten, wobei verschiedene Nachwirkungen noch 30 Minuten danach spürbar sein können. (Eine Schwellendosis liegt bei 1–2 mg, eine mittlere bis starke Dosis bei 5–10 mg.)

Geschnupft kann es trotz höherer Dosierung bis zu fünf Minuten dauern, bis erste Veränderungen der Wahrnehmung spürbar sind (Schwellenwert: 3–5 mg; moderat: 8–15 mg). Die Effekte erreichen tendenziell nach 10–30 Minuten ihren Höhepunkt und lassen nach 30–45 Minuten nach.

Inhalation	intranasal	sublingual	oral
1-2 mg	3-5 mg Schwellendosis		
2-5 mg	5-10 mg Leichte Wirkung	5-8 mg	10-15 mg
5-10 mg	8-15 mg »Volle« Wirkung	8-15 mg	15-40 mg
10-20 mg	10-25 mg Starke Wirkung	15 mg +	40 mg + Mit MAOI: 10-20 mg

5-MeO-DMT kann neben der Inhalation und der nasalen Applikation auch oral, sublingual (unter die Zunge) oder intravenös verabreicht werden. Jedoch ist aufgrund des schwer abzuschätzenden Risikos das Injizieren von 5-MeO-DMT nicht zu empfehlen!

Oral verabreicht zeigt es ebenso wie N,N-DMT ohne den Zusatz von MAO-Hemmern keine Wirkung. Allerdings ist hier absolute Vorsicht geboten, da bei dieser Kombination von einigen Zwischenfällen berichtet wurde.

Die folgende Liste über die Effekte von 5-MeO-DMT wurde von mehreren Anwendern zusammengetragen:

Positiv

- immersive Erfahrungen (immersiv = Eintauchen)
- kraftvolles »Rauschen»
- radikale Perspektivenänderung
- tiefe lebensverändernde spirituelle Erfahrungen
- Wiederbelebung der Libido
- Ekstase und Euphorie
- innere Visionen (kaum visuelle Effekte)
- Reise zur Quelle der Existenz
- Ich-Auflösung
- Alles-ist-eins-Erfahrung

Neutral

- kurze Dauer
- Veränderung in der Wahrnehmung von Zeit
- Erfahrung der »Leere«
- Mangel an Erinnerung und Erfahrung
- Muskelzucken, abnormale Äußerung von Lauten
- Bewusstlosigkeit/Nichtreagieren in einem Zeitraum von 5–20 Minuten
- Dissoziation

Negativ

- übermäßig intensive Erfahrungen
- Übelkeit
- Druckgefühl im Körper
- Schwierigkeiten beim Integrieren der Erfahrungen in den Alltag
- Angst und Panik
- Dysphorie (schlechte Gefühle)
- schnelles Einsetzen und Intensität können zu Problemen führen (heruntergefallene Pfeife, umgeworfene Gegenstände, Sturz und Schlag auf den Kopf usw.)

Vorsichtsmaßnahmen beim Konsum

Eine volle Wirkung kann bei der Inhalation von N,N-DMT bei 20–40 mg erreicht werden, bei 5-MeO-DMT entfaltet die Wirkung bereits bei 5–10 mg ihr volles Potenzial. Bei Verwechselung mit N,N-DMT droht somit eine Überdosierung.

5-MeO-DMT sollte nicht in Kombination mit Antidepressiva und MAO-Hemmern eingenommen werden (in Wirklichkeit hat 5-MeO-DMT selbst schwache MAO-hemmende Eigenschaften, die jedoch für eine orale Aktivierung nicht ausreichen). Diese Kombination kann zu schweren hypertensiven Symptomen (erhöhter Blutdruck, Herzfrequenz und Temperatur), Anfällen, langfristigem Nierenschaden, Serotonin-Syndrom und Tod führen.

Aufgrund der unvorhersehbaren Natur von 5-MeO-DMT ist ein Tripsitter besonders empfehlenswert. Kurzfristige Bewusstlosigkeit, Atemdepression und wahnhafte Interaktionen mit der Umgebung sind einige der Symptome, auf die der Tripsitter achten sollte. Um Stürze bestmöglich zu vermeiden, sollte der Anwender eine angenehme Liegeposition einnehmen.

Beim ersten Konsum sollte immer mit einer niedrigen Dosierung begonnen werden (etwa 0,002 g). Da physische und psychische Reaktionen vorab nur schwer einzuschätzen sind, sollten auch erfahrene Psychonauten beim Konsum eine gewisse Vorsicht walten lassen.

Rechtslage

DMT und 5-MeO-DMT werden in Deutschland als nicht verkehrsfähige Betäubungsmittel eingestuft. (BtMG Anlage I: Herstellung, Einfuhr, Erwerb, Besitz und Weitergabe/Handel sind strafbar!) [26]

5-MeO-DMT (intranasal) - Tripbericht

Hinweis: Tripberichte sind subjektive Erfahrungswerte die sich aufgrund von Dosis, Set und Setting von Person zu Person erheblich voneinander unterscheiden können.

Okay, hier ein Erfahrungsbericht mit 5-MeO-DMT. Das Ganze ist schon eine Weile her und ich versuche einfach, aus der Erinnerung möglichst genau zu erzählen.

Ich hatte schon vorher verschiedene Versuche mit 5-MeO-DMT gemacht. Ich habe mich mit der Dosis langsam gesteigert, bis zum vorläufig letzten Experiment, das ich nun kurz beschreiben werde:

Es war an einem Samstagmittag um 13 Uhr herum.

Ich machte es mir gemütlich, baute einen Joint und legte Musik auf, ich war allein im Zimmer. Ich legte mir 12 mg 5-MeO-DMT zurecht und zerkleinerte es. Ich hatte mich schon länger mal entschieden, das 5-MeO-DMT zu schnupfen, weil mir beim Rauchen von 5-MeO-DMT immer schlecht wird und ich es mit der Dosierung nie schlau hinkriege. Außer 5-MeO-DMT schnupfe ich sonst nichts und so dachte ich, ich kann das meinen Schleimhäuten schon zumuten.

Ich zündete den Joint an und schnupfte das kristalline Pulver (t=0). Es brannte wie verrückt in der Nase, so stark wie an diesem Tag war das Brennen noch nie. Und fast sofort spürte ich, wie eine Verspannung oder die Wirkung der Droge von meiner Nase, oder besser gesagt von meinen Stirnhöhlen, durch mein Gesicht hinunter zu den Zähnen wanderte, von dort weiter die Kaumuskulatur entlang um meinen Kopf herum und zurück zur Stirn.

(t = 15 s) Die Wirkung kam fast sofort, sie überkam mich regelrecht. Ich wollte noch etwas vom Joint rauchen, doch ehe ich dazu kam, hatte ich mich und hatte sich die Welt um mich herum sich völlig verändert und ich vergaß zu kiffen. Ich saß auf dem Sofa und versuchte mich auf den Rausch zu konzentrieren, doch er war zu schnell. Ich machte die Musik lauter und öffnete das Fenster. Meine Glieder schienen aus Granitmilch zu bestehen. Weich und matschig, fast flüssig, aber total gespannt und sehr, sehr schwer. Das Gehen bereitete mir Mühe. Draußen war ein sehr schöner Tag.

(t = 5 min) Ich lehnte mich aus dem Fenster, das heißt, ich stützte mich mit den Achseln aufs Fensterbrett, während ich meine Beine irgendwo unter mir an die Wand parkte. Ich hatte keinen »wirklichen« Kontakt mehr mit meinem Körper.

Es war einfach wunderbar, die Wolken, die Menschen, die Vögel und Bäume zu betrachten, aber gleichzeitig war es leicht unangenehm. Mir war sehr bewusst, wie berauscht ich bin, und ich kam mir etwas komisch vor, weil ich das Gefühl hatte, dass mich jemand ansieht.

Ich erinnerte mich an den Joint in meiner Hand, zündete ihn wieder an und rauchte einige Züge. Es war sehr angenehm zu rauchen. Ich hatte Lust, spazieren zu gehen, aber ich wollte (und konnte) nicht einfach allein nach draußen.

(t=10 min) Der Rausch legte noch immer zu. Er wurde immer schneller und mir fiel es schwer, klare Gedanken zu fassen. Es war nicht möglich, irgendwelchen Aktivitäten nachzugehen. Ich legte mich auf mein Bett und schloss die Augen. Es saugte mich in eine riesige Spirale und weg war ich. Vergleichbar mit einem Pilzrausch, kurz vor dem Höhepunkt, war ich in einer Welt der symmetrischen, farbigen Muster, die aber mit irrer Geschwindigkeit abliefen. Nun war ich völlig losgelöst vom alltäglichen Sein. Was folgte, war eine sehr intensive Reise ans andere Ende des Universums und zurück. Wenn ich die Augen geöffnet hatte, bewegten sich die Wände, die mit dreidimensionalen Mustern, Farben und Formen überzogen waren und ich hatte OEVs aller Art.

Es warf mich immer mal wieder auf dem Bett hin und her. Ich überlegte mir, wie das wohl aussehen muss für einen Außenstehenden, und befürchtete, die Mitbewohnerin könnte jeden Moment hereinplatzen und dass ich es dann wohl sehr schwer haben würde, »das« zu erklären.

(t=40 min) Der Rausch hatte einen Gang zurückgeschaltet, und ich erhaschte einen Blick auf die Uhr. Langsam begann ich, mich auf das Ende des Trips zu freuen. Ich zündete den Joint wieder an (ja, immer noch der gleiche wie am Anfang), setzte Teewasser auf und wechselte die Musik. Die Wirkung war immer noch recht stark. Ich musste mich sehr konzentrieren, um Tätigkeiten zu verrichten. Doch mittlerweile hatte sich der Rausch etwas beruhigt und ich begann, mich so richtig murmeltierwohl zu fühlen. Ich wollte mich im Spiegel betrachten, weil es mich Wunder nahm, was für einen Gesichtsausdruck ich wohl habe, doch als ich mein Spiegelbild ansah, begannen die Wangen zu schmelzen und die Augen drifteten am Kopf entlang aus dem Gesicht. Naja, ich sah allerhand, bloß nicht meinen Gesichtsausdruck.

(t=60 min) Das Plateau war zu Ende und der sanfte Abstieg begann. Ich kiffte, hörte Musik und trank Tee, ich war sehr erschöpft und zugleich etwas aufgedreht.

(t=90 min) Bis auf ein kleines »Rauschen« war alles zu Ende, ich war ziemlich geschafft. Kaum zu glauben, dass es nur anderthalb Stunden gedauert hatte, in der Erinnerung könnte es leicht ein ganzer Tag gewesen sein, oder mehr …

An diesem Tag habe ich nicht mehr sehr viel gemacht, doch ich war den ganzen Tag fit und guter Dinge. Der erlebte Rausch war sehr speziell, doch fast zu schnell, um wirklich etwas mitzunehmen. Man erlebt das ganze Spektrum an Realität, wie z.B. mit Pilzen oder LSD, aber in nur 1 ½ Stunden!! [27]

5-MeO-DMT (Inhalation) – Tripbericht

Hinweis: Tripberichte sind subjektive Erfahrungswerte die sich aufgrund von Dosis, Set und Setting von Person zu Person erheblich voneinander unterscheiden können.

Nur zwei Züge von einem unscheinbaren Krötensekret offenbarten mir den Kern meiner Existenz. Dies sind die Erkenntnisse einer lebensverändernden Begegnung mit 5-MeO-DMT.

Ich habe die Welt aus der Sicht eines unschuldigen, aber bewussten Kindes erlebt. Ein Kind, völlig frei von Prägung, Vorurteilen und jeglichem Ego. Das Kind sieht nur Freude und Liebe in jedem Lebewesen. Es ist verbunden mit allem und sieht keinen bösen Fleck im Universum. Dieses Kind steckt in jedem von uns, doch wir können es nicht mehr sehen. Das Leben hat dieses Kind überschrieben. Es ist begraben unter Tonnen von Erfahrungen. Gute als auch schlechte. Durch die Augen des Kindes erkennt man es jedoch ganz eindeutig, pure Liebe ist die Quelle unserer Existenz ...

Wäre die 5-MeO-DMT-Erfahrung eine fürsorgliche Mutter, würde sie dich ins Haus holen, deine Wäsche waschen und dich wissend fragen, warum du dich so weit vom Haus entfernt hast. Genau in diesem Augenblick weißt du, wie sehr sie recht hat. Und du denkst dir, »am besten bleibe ich für immer hier«. Wenn es doch nur so einfach wäre!

Es ist bereits zwei Jahre her, als ich tiefer in die inneren Sphären meines Bewusstseins eintauchte als jemals zuvor. Die Erfahrung ist nicht nur in meinem Gedächtnis geblieben, sie ist ein essenzieller Teil vom mir geworden. Das Wissen um den Ursprung meiner Existenz spendet mir Kraft, gibt mir Halt und lindert meine Sorgen.

Diese lebensverändernde Erfahrung, die viele als bewusst erlebte Wiedergeburt beschreiben, hat jedoch einen Preis: Sie kostet dich alles, was du zu sein glaubst. Mit anderen Worten, es kostet dich dein »Ich«.

»Ich« war an einem Punkt, an dem ich loslassen musste, ich sagte mir: »Was soll's, heute ist ein wunderbarer Tag zum Sterben und der Weg zur Quelle ist auch nicht mehr weit«. Also habe ich völlig losgelassen und mich gedanklich von dieser Welt verabschiedet.

Was als Nächstes auf mich wartete, war das wunderbarste Erlebnis meines Lebens. Ich habe die höchste Form von Liebe gespürt und mich für immer mit der Quelle verbunden. Jegliche Ängste entpuppten sich als völlig unbegründete Gespenster meiner Vergangenheit und lösten sich in der allumfassenden Einheit restlos auf.

Die eigentliche Droge ist nicht 5-MeO-DMT, es ist vielmehr die Liebe per se! 5-MeO-DMT ändert lediglich die Perspektive, auf das, was schon immer da war.

Jungle Spice – Extraktion

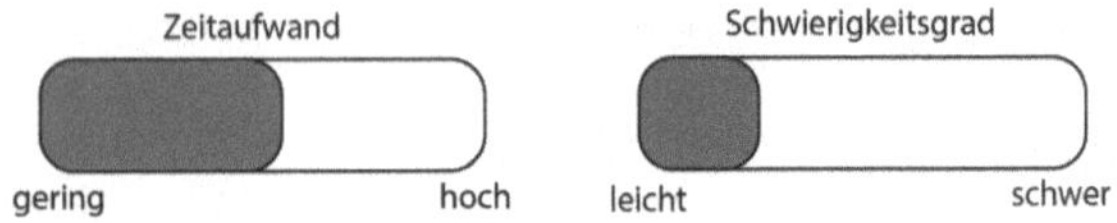

Materialien

- Wundbenzin oder Naphtha
- Xylol oder Toluol
- alle anderen Utensilien, die auch bei der DMT-StB-Methode zur Anwendung kommen.

Synonyme: Jungle DMT, Red Spice, Red DMT, Dark Spice etc.

Bei der Extraktion von N,N-DMT wird selektiv N,N-DMT herausgelöst. Jungle Spice ist kein selektiver Auszug wie bei der N,N-DMT-Extraktion, sondern ein ganzheitlicher Auszug (Vollspektrum-Extrakt) und enthält neben DMT auch alle anderen Alkaloide und Substanzen der Wurzelrinde von *Mimosa tenuiflora*. Um alle Stoffe aus der Wurzelrinde zu lösen, wird ein Lösungsmittel verwendet, das weniger selektiv ist. Hierfür eignet sich insbesondere Xylol oder Toluol.

Basierend auf den physikalischen Eigenschaften können drei verschiedene Arten von Jungle Spice klassifiziert werden, die aus einem Auszug mit Xylol und Toluol resultieren: eine rot-braune kristalline Schmiere, ein braunes wachsartiges Material und ein gelbes Öl. [28] Insbesondere das braune wachsartige Material soll eine überaus starke Wirkung hervorrufen, die nicht alleine auf der Wirkung des DMT basiert.

Auf diversen Plattformen wird von einer mysteriösen Substanz im Jungle Spice berichtet, welche eine DMT-ähnliche Wirkung entfaltet. Es wird spekuliert, dass diese Substanz das 2005 entdeckte Yuremamin sein könnte. Yuremamin soll lediglich in Diethylether löslich sein.

Pures, weißes DMT zu konsumieren, ist eine relativ neue Erscheinung. Auch Terence McKenna sprach von einer »gelben wachsartigen Substanz«, die er als DMT bezeichnete. Das DMT von damals ist sozusagen das Jungle Spice von heute.

Es wird auch von einer weiteren Jungle-Spice-Extraktion berichtet, bei der vorher das N,N-DMT aus der *Mimosa-tenuiflora*-Wurzelrinde selektiv herausgelöst wird, damit nur das »pure« Jungle Spice zurückbleibt.

Für eine Extraktion, bei der das DMT vorher herausgelöst wird, kann man folgendermaßen vorgehen:

Zunächst wird, genau wie bei der StB-Methode, die wässrige Phase mit dem Pflanzenmaterial basifiziert und das DMT mit Wundbenzin oder Naphtha herausgelöst. Dieses Herauslösen wird so lange wiederholt, bis kein DMT mehr aus dem Pflanzenmaterial gewonnen wird (etwa 2 Durchläufe).

Danach werden die restlichen Stoffe mit Xylol oder Toluol aus der Pflanze gezogen und anschließend in einer separaten Schale getrocknet. Die Gefrierausfallmethode funktioniert nicht mit Xylol oder Toluol! Das Lösungsmittel muss somit an der Luft verdampft werden, damit das extrahierte Jungle Spice zurückbleibt. Das Jungle Spice kann zusätzlich in einem letzten Schritt mit warmem Naphtha (siehe Kapitel »DMT-Rekristallisierung«) gewaschen werden, um verbliebenes DMT restlos zu entfernen. Mit diesem Verfahren erhält man ein wachsähnliches Spice, das sich je nach Extraktion in seiner Farbe unterscheidet.

Herausgekommen ist ein braunes, wachsartiges, nicht-öliges »Zeug«, das stärker als die Hölle ist (10–20 mg) und mir einen großen Schrecken eingejagt hat. Das kann nicht vom verbliebenen DMT gekommen sein, dafür war es viel zu stark! [28]

Wird die Extraktion ausschließlich mit Xylol und ohne Wundbenzin oder Naphtha durchgeführt, erhält man ein gelb leuchtendes, öliges Spice. Es wird spekuliert, dass die gelbe Farbe durch die Anwesenheit von Pflanzenfetten und DMT-N-Oxid entsteht. Der Beweis dafür, dass das gelbe Öl aus mindestens zwei Stoffen bestehen muss, ist die unterschiedliche Löslichkeit. Denn das gelbe Öl ist in Naphtha zugleich löslich als auch unlöslich.

Nach drei »Pulls« mit Xylol hatte ich ungefähr 150 ml gelb gefärbtes Lösungsmittel. Ich ließ es verfliegen und zurück blieben spitze, kreisförmige, gelbe Kristalle. Die Wirkung war überwältigend. Ich werde nur noch so extrahieren ... [28]

Häufig wird auch berichtet, dass man bei der Durchführung einer normalen DMT-StB-Extraktion mit Naphtha unter Zufuhr von Hitze ein gelb gefärbtes Endprodukt erhält. Die resultierenden gelben Kristalle sollen laut verschiedenster Aussagen stärker sein als pures DMT.

Phenylethylamine

Ich nahm meine Meskalin-Pille um elf ... ich verbrachte einige Minuten – oder waren es mehrere Jahrhunderte? – damit, nicht nur auf diese Bambusrohre zu schauen, sondern sie tatsächlich zu sein – oder vielmehr ich selbst in ihnen zu sein; oder, um noch genauer zu sein, [...] mein Nicht-Selbst in dem Nicht-Selbst zu sein, das der Stuhl war.

Aldous Huxley

Im Laufe der Geschichte hat die Menschheit immer psychedelische Substanzen eingenommen. Diese Substanzen existieren, um dich mit Geistern in Kontakt zu bringen, mit dem Schöpfer, mit dem schöpferischen Impuls des Planeten.

Ray Manzarek

Phenylethylamine (Phenethylamine, PEA)

Als Phenylethylamine (auch Phenylalkylamine oder β-Phenylalkylamine) bezeichnet man eine chemische Stoffgruppe, die sich vom Phenethylamin ableitet. Die Stoffgruppe der Phenylethylamine umfasst weitere Substanzklassen, darunter Amphetamine, Cathinone und Katecholamine. Phenylethylamine sind in der Natur weit verbreitet (z.B. Tyramin und Dopamin) und können auch synthetisch hergestellt werden (2C-B, Amphetamin (Speed), MDMA (Ecstasy) und Methamphetamin (Crystal)).

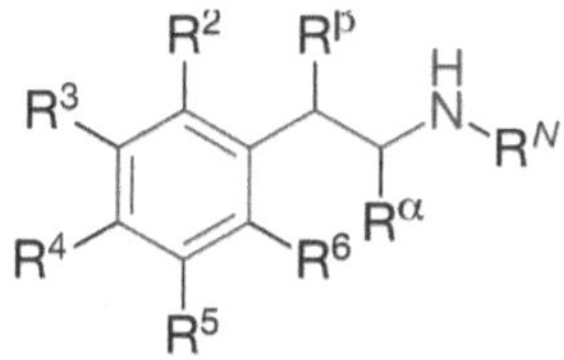

Allgemeine Strukturformel der Phenylethylamine

Natürlich vorkommende Phenylethylamine haben eine grundlegende Bedeutung für das Leben, z.B. als Neurotransmitter oder Hormone im menschlichen und tierischen Organismus (Dopamin, Adrenalin, Noradrenalin). Viele im Pflanzenreich vorkommende Alkaloide sind ebenfalls den Phenylethylaminen zuzuordnen (z.B. Ephedrin, Meskalin, Norephedrin und Norpseudoephedrin). Bei Pflanzen dienen sie u. a. als Ausgangssubstanz zur Biosynthese von Benzylisochinolin-Alkaloiden wie Morphin. Phenylethylamin bindet an dieselben Rezeptoren wie auch das verwandte Amphetamin und fördert so die Ausschüttung von Dopamin. Aus diesem Grund werden synthetisch hergestellte Phenylethylamine wie Verapamil oder Etilefrin auch als Arzneimittel verwendet. Zahlreiche Verbindungen dieser Stoffgruppe besitzen psychoaktive Eigenschaften mit u.a. stimulierenden, empathogenen, entaktogenen, psychedelischen, halluzinogenen, antidepressiven, euphorisierenden, angstlösenden, schlafferdernden, appetitzügelnden und Nasenschleimhaut abschwellenden Eigenschaften. [29]

Die Stammsubstanz Phenethylamin wird mit der Entstehung von Lust- und Glücksempfinden in Verbindung gebracht. Bei sportlicher Aktivität steigt die Konzentration des primären Abbauprodukts von Phenethylamin. Daher wird davon ausgegangen, dass es bei der stimmungsaufhellenden Wirkung bei sportlicher Betätigung eine wichtige Rolle einnimmt. Aber auch bei der Entstehung von Liebe scheint Phenethylamin beteiligt zu sein. Bei frisch verliebten Paaren konnten erhöhte Phenethylaminwerte im Blut nachgewiesen werden. Bei ADHS-Patienten hingegen wurden nur sehr geringe Phenethylaminwerte beobachtet.

Wie N,N-DMT wird auch Phenethylamin im Körper durch die Monoaminooxidasen MAO-A und MAO-B abgebaut. Wahrscheinlich sind jedoch noch weitere Enzyme am Abbau beteiligt.

Im Körper gebildetes Phenethylamin hat eine besonders kurze Halbwertszeit von lediglich 30 Sekunden. Oral aufgenommes Phenethylamin entfaltet erst bei hohen Dosierungen über 1600 mg eine subtile Wirkung. Jedoch haben Studien gezeigt, dass die Phenethylamin-Konzentration im Gehirn durch Gabe eines MAO-Hemmers um den Faktor 1000 gesteigert werden kann. Bei Gehirnen mit einer natürlich hohen Phenethylamin-Konzentration konnte durch Gabe eines MAO-Hemmers der Wert lediglich um den Faktor 3–4 gesteigert werden.

Wechselwirkung

Erhöhte Konzentrationen an Phenethylamin können den Kreislauf übermäßig stark anregen und damit zu Herz-Kreislauf-Problemen führen. Auch steht eine erhöhte Konzentration im Verdacht, Migräne auszulösen. Zwar besitzt PEA eine antidepressive Wirkung, jedoch ist es wegen der schnellen Abbaubarkeit durch die MAO nicht für therapeutische Zwecke geeignet. Die Einnahme von Monoaminooxidasehemmern lässt die körpereigene Konzentration von PEA jedoch steigen.

Rechtslage

Während viele Substanzen aus der Stoffgruppe der Phenylethylamine in Deutschland dem BtMG oder AMG unterliegen, unterliegt Phenethylamin selbst keiner gesetzlichen Regelung (Stand Mai 2015). [30]

Drug-Design

Zur Herstellung neuer Drogen, die noch nicht dem Betäubungsmittelgesetz unterliegen, werden Phenethylaminderivate im Labor systematisch weiterentwickelt.

Dazu wird die chemische Struktur am Phenylring oder in der Seitenkette mit einer anderen chemischen Gruppe substituiert (lat. *substituere* = ersetzen). Je größer die Anzahl der Substituenten am Phenylring ist, desto größer ist die Wahrscheinlichkeit, dass es eher zu einer psychedelischen Wirkung als zu einer stimulierenden Wirkung kommt (Breitmaier 2002: 166–168).

Die folgende Tabelle gibt eine Auswahl bekannter Phenethylaminderivate.

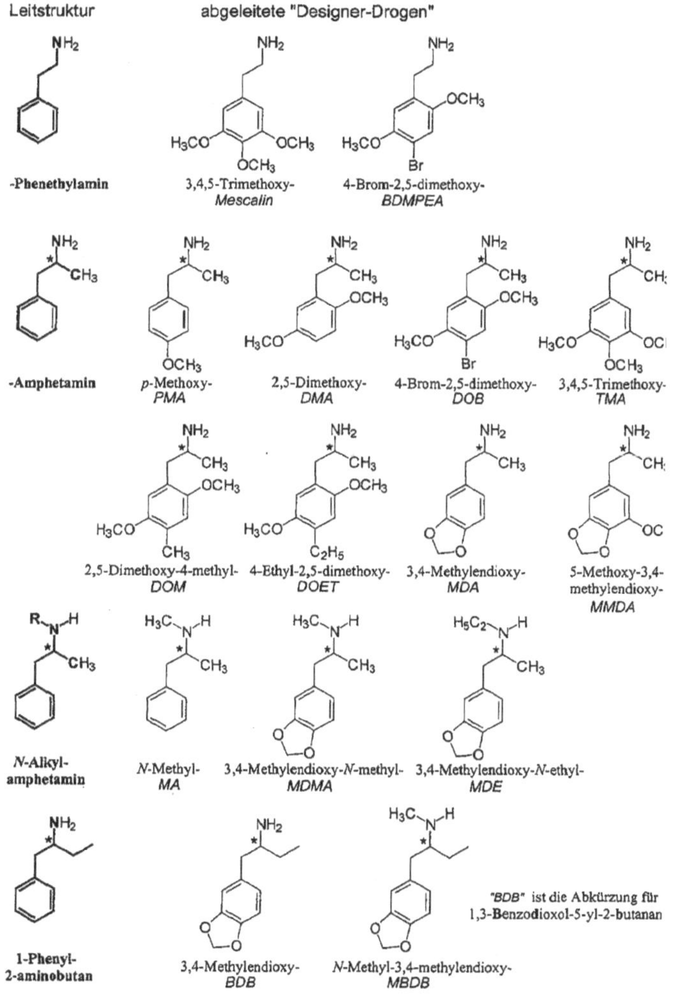

Aus: Alkaloide – Betäubungsmittel, Halluzinogene und andere Wirkstoffe

Meskalin

Meskalin ist eine natürlich vorkommende halluzinogene Substanz aus der Stoffgruppe der Phenylethylamine und wird in Lateinamerika traditionell von indianischen Schamanen in Ritualen verwendet. Meskalin findet sich in vielen mittel- und südamerikanischen Kakteenarten wie z.B. Peyote *(Lophophora williamsii)*, dem peruanischen Stangenkaktus *(Trichocereus peruvianus)* und dem San Pedro *(Trichocereus pachanoi)*. Zu Pulver extrahiert erscheint es meist als Meskalinsulfat oder -hydrochlorid (HCl), seltener als Meskalincitrat oder -acetat. Reines Meskalin ist ein weißes oder leicht bräunliches kristallines Pulver.

Schmelzpunkt
35–36°C (Freebase), 184 °C (Hydrochlorid)

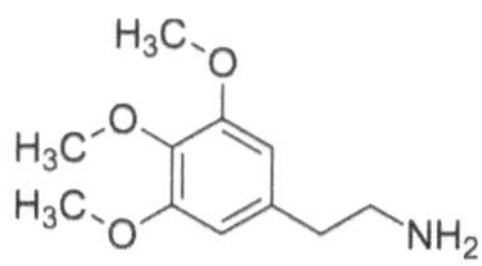

Löslichkeit
Freebase-Meskalin ist löslich in:
Alkohol, Chloroform, Benzol, Xylol, Toluol, Aceton, Dichlormethan, D-Limonen
Meskalinacetat ist löslich in: Wasser, Aceton, DMSO
Meskalinhydrochlorid ist löslich in: Wasser, Alkohol

Geschichtliches

Die wissenschaftliche Meskalinforschung nahm mit dem Berliner Pharmakologen Louis Lewin Ende des 19. Jahrhunderts ihren Anfang. Auf einer Reise nach Amerika im Jahre 1886 erhielt Lewin ein paar getrocknete Exemplare einer unbekannten Kakteenart.

Nach seiner Rückkehr wandte er sich an den Berliner Botaniker Hennings, der diese unbekannte Kakteenart als *Anhalonium lewinii* (Syn. *Anhalonium williamsii)* spezifizierte. In den darauffolgenden Jahren veröffentlichte Lewin die ersten Ergebnisse seiner ethnopharmakologischen Recherche sowie die Resultate einiger Tierversuche mit dem Extrakt der Kaktee.

Extrahiertes kristallines Meskalin

1886 wurde isoliertes Meskalin dann zum ersten Mal vom Leipziger Chemiker und Pharmakologen Arthur Heffter getestet. Heffter führte insgesamt sechs Selbstversuche durch und bestätigte dadurch die psychoaktive Wirkung von Meskalin. Die klassische Heffter-Dosis betrug 150 mg Meskalin-HCI, jedoch experimentierte er auch mit besonders hoher Dosierung (1500 mg) Heffter versuchte sich auch an der Synthese von Meskalin, scheiterte jedoch aufgrund einer falschen Strukturformel. Erst 1919 gelang Ernst Späth die richtige Strukturaufklärung und die erste Totalsynthese.

Wirkung von Meskalin

Obwohl Meskalin chemisch nicht mit LSD verwandt ist, ruft es eine sehr ähnliche Wirkung hervor. Dies belegen Studien mit Blindversuchen, bei denen LSD und Meskalin meist nicht voneinander unterschieden werden konnten. Ein großer Unterschied liegt jedoch in der Dosierung, denn um dieselben Effekte hervorzurufen, muss Meskalin deutlich stärker dosiert werden. Auch beim Wirkungseintritt und der Wirkdauer gibt es leichte Unterschiede.

Die Wirkung setzt bei Meskalin nach etwa 60–120 Minuten ein. Die verzögerte Wirkung könnte darauf hindeuten, dass erst ein Metabolit des Meskalins für die halluzinogene Wirkung verantwortlich ist und nicht das Meskalin an sich. Die Wirkdauer beträgt etwa 10–12 Stunden, wobei die maximale Wirkung nach etwa 3 Stunden erreicht ist. Interessant ist jedoch, dass Meskalin trotz unterschiedlicher neurochemischer Wirkung und fehlender chemischer Verwandschaft eine Kreuztoleranz zu LSD und Psilocin über etwa 1–2 Wochen bildet.

Die psychedelische Wirkung des Meskalins äußert sich in einer veränderten Wahrnehmung im akustischen und visuellen Bereich. Es kommt zu einer Intensivierung der Farben. Das Zeitgefühl ist verlangsamt und die Grenzen zwischen der eigenen Person und anderen Personen verfließen. Aufkommende Halluzinationen können kaum von der Realität unterschieden werden.

Bei einer geringeren Dosis kann Meskalin auch aphrodisierend wirken. Darüber hinaus kann der Meskalinkonsum zu einer erhöhten Körpertemperatur, zu vergrößerten Pupillen und zu einem verminderten Hungergefühl führen. [31]

Einnahmemöglichkeiten

Die Kakteen können auf nüchternen Magen verzehrt werden. Dazu müssen sie vorher von den Stacheln befreit und in dünne Scheiben geschnitten werden. Da der San-Pedro-Kaktus extrem bitter schmeckt, wird bei dieser Sorte oft die getrocknete Rinde zu einem feinen Pulver zermahlen. Das Rauchen der Kakteen ist eher unüblich, da die Wirkung viel schwächer ist und es enorm im Hals kratzt. Aus den Kakteen kann man auch einen psychoaktiven Tee zubereiten.

Synthetisches bzw. extrahiertes Meskalin wird in Pulverform durch die Nase gezogen oder als gepresste Kügelchen geschluckt. Das Meskalin ist in Wasser, Alkohol und Chloroform löslich und kann aus den Kakteen mittels Extraktion gewonnen werden (siehe Kapitel »Meskalin-Extraktion»). In aller Regel empfiehlt sich jedoch die Zubereitung mit getrocknetem Kaktusfleisch, da dort ein höherer Meskalingehalt als bei frischem Kakteenmaterial aufzufinden ist.

Peyote beispielsweise wird in Dosen von 4–35 Buttons eingenommen. Das variiert und hängt vom Wirkstoffgehalt, der Buttongröße und auch vom angestrebten Ziel ab.

Dosierung

Hinweis: Die folgenden Angaben dienen nur als Orientierungshilfe.

Der Meskalingehalt der Kakteen kann je nach Alter, Wachstumsbedingungen und Zuchtort stark schwanken. Der genaue Meskalingehalt eines Kaktus kann daher nur anhand einer Extraktion oder vorab mittels DC (Dünnschichtchromatographie) bestimmt werden.

Die oral wirksame Dosis wird mit 200–400 mg (als Meskalin-Sulfat) und 178–356 mg (als Meskalin-Hydrochlorid) angegeben.

Dosierungstabelle:
100 mg = schwach
200 mg = mild, aber nett
300 mg = Standarddosis
400 mg = ernste Reise
500 mg = extrem

Getrockneter Kaktus, Dosierungsberechnung:
Ein getrockneter Peyote-Kaktus enthält etwa 2-4% Meskalin. Eine halluzinogene Wirkung kann bei 3-5 mg/kg Körpergewicht festgestellt werden.

Mit diesen Angaben lässt sich genau bestimmen, wieviel Meskalin für eine entsprechende Dosierung benötigt wird. Um eine Überdosierung zu vermeiden, können die Werte wahlweise nach unten bzw. nach oben angepasst werden. Ein Meskalingehalt von 4% auf 3 mg/kg KG ergibt somit die kleinste Menge. Bei einem Meskalingehalt von 2% auf 5 mg/kg KG erhält man die größte Menge.

Bei einem Körpergewicht von 80 kg kann die Rechung also wie folgt aufgestellt werden.
3 (mg) x 80 (kg) = 240 mg
Wieviel Gramm des getrockneten Kaktus für 240 mg benötigt wird, kann mit der folgenden Formel berechnet werden; geht man von einem Meskalingehalt von 2% aus, sieht die Berechnung wie folgt aus:

240 (mg) -> 2%
x = 100%

$$x = \frac{240 \times 100}{2} = 12000 \rightarrow 12 \text{ Gramm}$$

Da die gleiche Dosis bei geringerem Körpergewicht meist eine stärkere Wirkung hervorruft, steigen möglicherweise auch die Risiken!

Unangenehme Begleiterscheinungen

Wie auch bei Ayahuasca äußern sich die ersten Nebenwirkungen des Meskalinkonsums oftmals in Übelkeit und Erbrechen. Dieser Effekt kann vermieden werden, indem die gewünschte Dosis geteilt oder gedrittelt und im 30-Minuten-Takt eingenommen wird. Glaubt man den südamerikanischen Ureinwohnern, ist eine Meskalineinnahme ohne anfängliches Erbrechen nicht optimal, da auf diese Weise Körper und Geist von negativen Energien befreit werden. Erst durch das Erbrechen kann sich der Geist vollständig für die bevorstehende Erfahrung öffnen. Naturwissenschaftlich erklären kann man diese Annahme durch die Ausschüttung von Endorphinen beim Erbrechen, was zu einer gesteigerten Laune und einem guten Gesamtbefinden führt. Fehlt dieser »Gute-Laune-Schub» am Anfang, kann die Erfahrung in eine andere Richtung verlaufen.

Können Halluzinogene eine Psychose hervorrufen und was ist HPPD?

Definition: Als Psychose bezeichnet man jede psychische Störung, bei der eine erhebliche Beeinträchtigung der Wahrnehmung und Auffassung der erlebten Wirklichkeit besteht, im Sinne einer Störung in der Verarbeitung von Sinneseindrücken.

Seit dem vorletzten Jahrhundert experimentiert die westliche Wissenschaft mit bewusstseinsverändernden Drogen. Dabei war Meskalin die erste Substanz, die in einer Psychiatrie getestet wurde. Da eine Meskalin-Erfahrung die Verarbeitung von Sinneseindrücken deutlich verändert, wurde sie somit als psychische Störung interpretiert.

So entstand aufgrund unzureichender Kenntnisse die fälschliche Annahme, dass der Konsum von Meskalin zu Psychosen führt (»Modellpsychose«). Doch erst in den letzten Jahrzehnten erkannte man, dass die Einnahme von Meskalin aus pathologischer Sicht nicht mit einer Psychose gleichzusetzen ist. Norwegische Forscher gelangten sogar zu der Erkenntnis, dass Meskalin genau den gegenteiligen Effekt besitzt, nämlich Psychosen reduziert.

Heute wird angenommen, dass zumindest bei bestimmten Personen die Einnahme von Halluzinogenen zu psychischen Störungen oder gar zu Psychosen führt. Norwegische Neurowissenschaftler nahmen sich dieser Frage an und analysierten Daten von 130 000 Personen. Darunter befanden sich fast 22 000 Menschen, die mindestens einmal in ihrem Leben Halluzinogene zu sich genommen haben. Nach der Auswertung konnten sie jedoch kein erhöhtes Risiko für psychische Erkrankungen entdecken. Ganz im Gegenteil, denn die Daten führten zu dem Ergebnis, dass Halluzinogene das Risiko für psychische Erkrankungen senken.

▶ Grundlage der Studie, die im Open-Source-Journal *PLoS One* veröffentlicht wurde, ist eine US-Umfrage aus den Jahren 2001–2004 über Drogenkonsum und psychischem Gesundheitszustand. Im Vordergrund standen Stress, Angst- oder Gemütsstörungen und Psychosen, sowie Verschreibung von Psychopharmaka und überhaupt Psychotherapie.

▶ Die Menschen, die Halluzinogene zu sich nahmen, gaben sogar an, weniger gestresst zu sein. Wer im Jahr vor der Befragung LSD konsumierte, war auch weniger häufig in psychologischer Therapie oder nahm weniger vom Psychiater verordnete Psychopharmaka. Alles in allem fanden die Wissenschaftler keinen Hinweis darauf, dass der Konsum von LSD, Psilocybin, Meskalin oder Peyote mit einem erhöhten Risiko für psychische Störungen einhergeht. [32]

Es ist jedoch nicht auszuschließen, dass bei psychisch labilen Personen die Einnahme von Psychedelika negative Effekte hervorrufen kann. Auch fällt in diesem Kontext häufig das Wort »hängenbleiben«. Damit ist gemeint, dass bestimmte Effekte der Wirkung wie beispielsweise Veränderungen in der Farbwahrnehmung über Jahre, Jahrzehnte oder für das restliche Leben bestehen bleiben. Oftmals berichten Betroffene auch über Dinge, die an der Peripherie des Blickfeldes wahrgenommen werden, die aber bei genauerer Betrachtung nicht da sind. Das »Hängenbleiben« wird in medizinischen Kreisen als **Hallucinogen Persisting Perception Disorder (HPPD)** bezeichnet (dt. halluzinogene anhaltende Wahrnehmungsstörung).

Es sind ausschließlich Personen betroffen, die halluzinogene Drogen zu sich genommen haben. Meistens wird HPPD mit LSD in Verbindung gebracht, kann aber auch durch andere Drogen ausgelöst werden. Die am häufigsten beschriebenen Symptome sind visuelle Effekte. Zwar ist die Störung nicht lebensbedrohlich, kann jedoch im Alltag als so nervend und unangenehm empfunden werden, dass psychische Probleme daraus hervorgehen können.

Leider gibt es bislang kein Heilmittel gegen HPPD. Jedoch soll eine Achtsamkeitstherapie dabei helfen, mit der Situation besser zurechtzukommen. Der Grund für HPPD ist wahrscheinlich eine Störung in der Signalübertragung der Nerven. So können Signale möglicherweise nicht mehr gefiltert werden und man bekommt das Gefühl, auf dem Trip »hängengeblieben« zu sein.

Wie viele Personen von HPPD betroffen sind, lässt sich nur vage schätzen. Henry Abraham, Psychiatrie-Dozent an der Tufts University, glaubt jedoch, dass etwa 4 Prozent aller Halluzinogenkonsumenten Anzeichen von HPPD zeigen. Diese können auch erst Jahre nach dem Konsum auftreten.

Dr. Gerard Alderliefste, Suchtexperte bei der niederländischen Info-Hotline, sagt, dass die meisten HPPD-Patienten mindestens 50 Mal Drogen genommen haben, ob Ecstasy, Speed, LSD oder Cannabis. Aber es gibt auch Fälle, wo Leute beim dritten Mal Ecstasy an HPPD erkrankten. [33]

Körperliche Gesundheit

Durch den Anstieg von Körpertemperatur, Puls und Blutdruck und aufgrund intensiver Erlebnisse, die möglicherweise zu Angstzuständen führen, sollten Personen mit kardiovaskulären Erkrankungen von der Anwendung von San Pedro Abstand nehmen. San Pedro wirkt zudem leicht anregend und sollte daher nicht mit anderen stimulierenden Substanzen oder Medikamenten kombiniert werden.

Psychische Gesundheit

Es sollte immer im Hinterkopf behalten werden, dass drei Faktoren maßgeblich über den Verlauf der Erfahrung entscheiden: Dosis, Set und Setting. Das bedeutet, dass die Wirkung nicht alleine auf der Dosierung beruht, sondern immer in Verbindung zur derzeitigen geistigen und seelischen Verfassung steht. Da psychoaktive Pflanzen die Eigenschaft besitzen, innere Reize zu verstärken, ist wahrscheinlich das Set (innere Einstellung) der bedeutendste Faktor. In Situationen von Stress, Depressionen oder anderen Sorgen sollten Psychedelika daher keinesfalls angewendet werden. Aber auch das Setting (äußere Umgebung) wirkt auf das Set und ist daher zur Beurteilung der Wirksamkeit nicht zu unterschätzen.

Die Wirkung von Meskalin setzt erst nach mindestens 60 Minuten ein und kann bis zu 10 Stunden anhalten. Nachzudosieren, weil man glaubt, man habe zu wenig eingenommen, ist daher ein riskantes Unterfangen und kann schnell zu einer Überdosierung führen. Daher ist es wichtig, die Dosis im Voraus zu berechnen und eine gewisse Zeit abzuwarten, bevor man nachdosiert.

Rechtslage

Meskalin ist in Deutschland aufgrund seiner Aufführung in der Anlage I BtMG ein nicht verkehrsfähiges Betäubungsmittel. Der Umgang ohne Erlaubnis ist grundsätzlich strafbar.

In Österreich und Deutschland sind lebende meskalinhaltige Kakteen wie *Lophophora williamsii* oder Kakteen der Gattung *Echinopsis* (früher *Trichocereus*) nicht im Betäubungs- bzw. Suchtmittelgesetz aufgeführt. Der Besitz und Handel sind erlaubt, sofern botanische Zwecke verfolgt werden. Handel und Besitz zubereiteter Pflanzenteile zur Verwendung als Droge sind aufgrund des enthaltenen Meskalins verboten. [34]

Meskalinhaltige Kakteen

Sechzehn Kakteen-Gattungen sind bekannt, die Arten mit Meskalinvorkommen umfassen. Die wohl bekanntesten Meskalin-Kakteen sind Peruanischer Stangenkaktus, Peyote und San Pedro.

Botanische Namen

Aztekium ritteri
Cereus jamacaru
Echinopsis lageniformis
Echinopsis peruviana (Peruanischer Stangenkaktus)
Echinopsis pachanoi (San Pedro)
Echinopsis cuzcoensis
Echinopsis deserticola
Echinopsis macrogona
Echinopsis spachiana
Echinopsis strigosa
Echinopsis tacaquirensis subsp. *taquimbalensis*
Echinopsis terscheckii
Echinopsis valida
Echinopsis werdermanniana
Eriosyce islayensis
Gymnocalycium calochlorum
Gymnocalycium comarapense
Gymnocalycium gibbosum
Gymnocalycium horridispinum
Gymnocalycium netrelianum
Gymnocalycium riograndense
Gymnocalycium striglianum
Gymnocalycium uebelmannianum
Gymnocalycium valnicekianum
Gymnocalycium vatteri
Lophophora williamsii (Peyote)
Lophophora diffusa
Myrtillocactus geometrizans
Opuntia acanthocarpa
Opuntia cylindria
Opuntia basilaris
Opuntia echinocarpa
Opuntia ficus-indica
Opuntia imbricata
Opuntia spinosior
Pachycereus gaumeri
Pelecyphora aselliformis
Pereskia corrugata
Pereskia tampicana
Pereskiopsis scandens
Polaskia chende
Stenocereus beneckei
Stenocereus eruca
Stenocereus stellatus
Stenocereus treleasei
Stetsonia coryne
Turbinicarpus lophophoroides

Kakteen mit hohem Meskalingehalt

Art	Vorkommen	Meskalingehalt	
Echinopsis lageniformis	Bolivien, Peru	bis etwa 1%	
Echinopsis pachanoi	Peru	etwa 2%	
Echinopsis peruviana	Peru	etwa 6–20%	
Echinopsis terscheckii	Argentinien, Peru	bis etwa 1%	
Lophophora, alle Arten	Mexiko	bis etwa 4%	
Opuntia cylindrica (Syn. *Austrocylindropuntia cylindrica)*	Ecuador, Peru	bis etwa 0,9%	[35]

Peyote *(Lophophora williamsii)*

Lophophora williamsii, auch Peyote, Peyotl, Hikuli, Schnapskopf oder Mescalito genannt, gehört zu der Familie der Kaktusgewächse (Cactaceae) und ist in den Wüstengebieten von Texas bis Mittelmexiko beheimatet.

Peyote wird seit vorgeschichtlicher Zeit rituell verwendet. Die ältesten Funde von Peyote-Buttons stammen aus Texas und sind etwa 6000 Jahre alt. Beheimatet ist der kleine dornenlose Kaktus in den Wüstengebieten Texas bis Mittelmexiko, wo er bis heute ein heiliges Sakrament mancher Stämme und Glaubensgemeinschaften, z.B. der Huichol und der Native American Church, darstellt. [36] Den indigenen Völkern dient der Kaktus als wichtiges Heilmittel, das bei der Behandlung von körperlichen und psychischen Erkrankungen, aber auch beim Drogen- und Alkoholentzug Anwendung findet. Da der Kaktus in den USA immer seltener anzutreffen ist, steht er mittlerweile unter Artenschutz. Peyote ist wahrscheinlich die am besten erforschte psychoaktive Pflanze unserer Zeit.

Inhaltsstoffe

Peyote enthält annähernd 60 verschiedene Alkaloide, vorwiegend Phenylethylamine. Das wichtigste davon ist das psychoaktive 3,4,5-Trimethoxyphenylethylamin, besser bekannt unter dem Namen **Meskalin.** Der Alkaloidgehalt schwankt bei einem frischen Kaktus zwischen 0,5 und 2,5%. Getrocknete Buttons können bis zu 3,7% Alkaloide enthalten. Von der großen Anzahl der Peyote-Alkaloide ist nur vom Meskalin eine deutliche psychoaktive Wirkung bekannt.[36]

Ein weiterer psychoaktiver Wirkstoff im Peyote ist **Pellotin** (auch Peyotin genannt), das nicht psychedelisch, sondern beruhigend, sedierend und krampflösend wirkt. Es ist im frischen *Lophophora williamsii* mit 0,275–0,3 mg/g enthalten. Eine deutliche psychoaktive Wirkung zeigt jedoch nur der Hauptwirkstoff Meskalin.

Der **Meskalingehalt** des Peyote ist vom Alter sowie von Wachstums- und Umweltbedingungen abhängig. Exemplare, die unter trockenen Bedingungen leben, weisen einen verhältnismäßig hohen Meskalingehalt auf. Höhere Alkaloid-Konzentrationen werden meistens bei älteren Kakteen erreicht. Der Kaktus benötigt etwa 20 bis 30 Jahre, um richtig auszuwachsen. Mit einem Trick kann man die Wachstumsgeschwindigkeit jedoch um ein Vielfaches erhöhen: Man propft den Peyote auf einen San-Pedro-Kaktus auf. Dazu werden die beiden Kakteen jeweils an der Unter- bzw. Oberseite beschnitten, aufeinandergesteckt und für ein paar Tage festgebunden. Nach kurzer Zeit werden sie miteinander verwachsen sein.

Einnahme und Dosierung

Die **Buttons** können wahlweise frisch oder getrocknet verzehrt werden. Der Kaktus sollte schonend an der Luft getrocknet werden, da sonst die Wirkstoffe verlorengehen. Der Peyote-Kaktus hat weiche Haare an der Außenseite, diese müssen vor dem Verzehr entfernt werden. Es empfiehlt sich, die Haare mit einem handelsüblichen Feuerzeug abzubrennen und die Ansätze mit einem Messer zu entfernen. Im letzten Schritt kann man den Kaktus in Scheiben schneiden oder zu Pulver verarbeiten. Ein feines Pulver hat den Vorteil, dass es vom Körper besser aufgenommen wird.

Für einen Tee können die Buttons pulverisiert und mit Wasser aufgegossen werden. Aufgrund des sehr bitteren Geschmacks wird Peyote auch gerne mit alkoholischen Getränken wie Bier, Mescal oder Absinthe vermischt. Kleine Kaktusteile können auch pur oder mit Kräutern bzw. Tabak vermischt und geraucht werden.

Da der Meskalingehalt eines Peyote je nach Bedingungen stark variiert, ist die optimale **Dosis** schwer zu bestimmen. Die folgenden Angaben sollen daher nur als Orientierungshilfen dienen.

- Als übliche Dosierung für einen starken psychedelischen Trip werden meist 15–20 g getrockneter *Lophophora williamsii* eingenommen. Dies entspricht etwa 200–600 mg Meskalin, was einen mittelstarken bis sehr starken Trip auslöst.
- Eine leichte Wirkung wird durch etwa 100–200 mg Meskalin ausgelöst, also etwa 4–10 g getrockneten Peyote.
- Ein getrockneter Peyotekaktus enthält normalerweise 2–4% Meskalin, kann jedoch auch mehr enthalten!

Um der anfänglichen Übelkeit entgegenzuwirken, ist es ratsam, die Gesamtdosis nicht auf einmal einzunehmen, sondern schrittweise über ein bis zwei Stunden zu verteilen. Darüber hinaus sollte man 3–6 Stunden vor der Einnahme nichts essen. Während des Trips ist auf genügend Flüssigkeitszufuhr zu achten.

Wirkung

Die Wirkung setzt nach circa 60–120 Minuten ein, abhängig von der Art der Einnahme und vom Stoffwechsel des jeweiligen Konsumenten. Je nach Dosierung kann die Wirkung bis zu 12 Stunden anhalten, wobei Nachwirkungen wie z.B. Kopfschmerzen eher selten auftreten. Im Netz findet man Berichte über Meskalin-Trips, die sogar 24 Stunden lang anhielten.

Zwar ist der Peyote-Rausch in erster Linie ein typischer Meskalin-Rausch, dennoch wird die Erfahrung von Meskalin und Peyote oftmals unterschiedlich beschrieben. Die anfängliche Übelkeit mündet in einem besseren Befinden und trägt erheblich zum Gemütszustand bei. Die Erfahrung ist geprägt von intensiven Halluzinationen, einem Einswerden mit der Natur und von starken entheogenen Visionen. Auch ein ekstatischer Zustand mit Glücksgefühlen wird häufig beschrieben.

Peyote-Mischkonsum

Hinweis: Psychedelische Phenylethylamine sollten aus Sicherheitsgründen nicht mit MAOI kombiniert werden!

Peyote-Extrakt + MAOI: unberechenbare Kombination, die MAOI können das Extrakt um ein Vielfaches potenzieren.
Peyote + Cannabis: Cannabis verstärkt die Wirkung von Meskalin enorm. [37]

Rechtslage

Der lebende Peyotekaktus fällt in Deutschland und Österreich weder unter das Betäubungsmittel- noch unter das Arzneimittelgesetz. Das enthaltene Meskalin gilt jedoch als Betäubungsmittel.

San Pedro *(Echinopsis pachanoi)*

Der San-Pedro-Kaktus (»Kaktus der vier Winde«) wird seit mehreren tausend Jahren rituell verwendet und zählt zu den ältesten Schamanenpflanzen Südamerikas.

Beweise für diese Annahme fanden Forscher in der Guitarrero-Höhle im Callejón-de-Huaylas-Tal in Peru. In diesen Höhlen wurden fossile Überreste des Kaktus aus dem Jahr 6800–6200 v.Chr. gefunden. In Chavín de Huantar wurden sogar in Stein gemeißelte Darstellungen von San-Pedro-Kakteen gefunden sowie Textilien und Keramiken, die auf eine rituelle Verwendung hindeuten.

Eine Schnitzerei, datiert um 1300 v.Chr., die auch im alten Zentrum von Chavín de Huantar in Peru gefunden wurde, zeigt einen Kaktus, der einem San Pedro in der Hand eines Priesters ähnelt.

Der San-Pedro-Kaktus stammt ursprünglich aus Peru und gedeiht sowohl in trockenen als auch in feuchten Gebieten. Er wächst jedoch besonders schnell, wenn er regelmäßig (täglich) bewässert wird. Auf der anderen Seite kann er auch monatelang ohne Wasser und Nährstoffzufuhr auskommen.

Botanik

Der San Pedro ist ein schnell wachsender Säulenkaktus, der bis zu 6 m hoch und 20 cm dick werden kann. Unter den richtigen Bedingungen kann er bis zu 30–60 cm pro Jahr wachsen.

Die indigenen Stämme unterscheiden zwei Formen des Kaktus: Die männliche Form, die vergleichsweise lange Dornen hat, und die weibliche Form mit kurzen oder gar keinen Dornen. Beide Formen sind jedoch keinem spezifischen botanischen Namen zugeordnet. Andere Kakteenarten, die ebenfalls zur botanischen Gattung *Echinopsis* (früher *Trichocereus*) gehören, sind unter anderem *E. peruviana, E. puquiensis, E. antaensis* und *E. schoenii*.

Im Gegensatz zum Peyote gilt der San-Pedro-Säulenkaktus nicht als gefährdete Pflanzenart.

Inhaltsstoffe

San Pedro enthält verschiedene Alkaloide, darunter auch mehrere Phenylethylamine, wie z.B. Meskalin.

Bei den Ureinwohnern ist Meskalin u.a. auch unter den Namen Huachuma, Achuma, Wachuma und Aguacolla bekannt.

Meskalin ist das primäre Alkaloid des San-Pedro-Kaktus. Auch Hordenin, Lophophin, DMPEA (3,4-Dimethoxyphenethylamin), Tyramin, Anholidin und Lobivin wurden nachgewiesen.

Meskalin befindet sich meistens in der äußeren grünen »Haut« des Kaktus (Chlorenchym). Die Meskalinkonzentration ist von einigen Faktoren, wie Alter, Wachstums- bzw. Umweltbedingungen abhängig und kann daher stark variieren. Mittelalte, frischgrüne Pflanzen sind am potentesten, ganz junge oder sehr alte Pflanzen enthalten hingegen weniger Meskalin.

Meskalingehalt: 0,12–0,15% in einem frischen Kaktus, bis zu 2% im getrockneten [38]

Für die Lagerung von getrocknetem San Pedro empfiehlt sich ein trockenes, dunkles und kühles Plätzchen. Bei diesen Bedingungen kann das Pulver tausende Jahre ohne Wirkstoffverlust gelagert werden.

Wirkung und Einnahme

Im Gegensatz zu Peyote wird die Wirkung von San Pedro als wesentlich angenehmer und weniger intensiv beschrieben. Auch die anfängliche Übelkeit tritt bei San Pedro weniger häufig auf. Die ersten Effekte machen sich ungefähr 1–2 Stunden nach der Einnahme bemerkbar, wobei der Peak 2–4 Stunden andauern kann.

Typische Effekte beim Konsum von San Pedro sind: Veränderungen der Licht- und Farbwahrnehmung, veränderte Wahrnehmung der Zeit sowie visuelle Halluzinationen bei offenen und geschlossenen Augen. Heftige Halluzinationen sind jedoch eher die Ausnahme und treten nur bei hoher Dosierung auf.

Niedrig dosiert ist die Wirkung leicht stimulierend bzw. tonisierend. Eine psychedelische Wirkung wird erst bei einer Dosierung über 10 g Kaktuspulver spürbar. Bei einer hohen Dosierung ähnelt die Wirkung der von Psilocybin und LSD.

Durch den Konsum von San Pedro entsteht eine Kreuztoleranz mit LSD und Psilocybin, die etwa 7 Tage anhält.

Der San Pedro kann auf verschiedenste Weise angewendet werden:

1. Als Trank

Dazu werden die frischen Kaktusstangen stark zerkleinert und anschließend für etwa 2–3 Stunden in Wasser aufgekocht. Damit sich die Inhaltstoffe besser lösen, kann dem Wasser etwas Zitronensäure beigegeben werden.

2. Direkte orale Einnahme

Nachdem die Dornen entfernt wurden, kann der frische Kaktus in dünne Scheiben geschnitten werden und auf nüchternen Magen gegessen werden.

3. Als Pulver

Um ein psychoaktives Pulver zu erhalten, werden zunächst die Dornen entfernt. Danach wird die Haut geschält und samt der anderen Pflanzenteile zum Trocknen in die Sonne gelegt (vor allem die Haut hat einen hohen Meskalingehalt). Anschließend werden die getrockneten Pflanzenteile zu Pulver verarbeitet. Je feiner das Pulver, desto besser. Das Pulver kann in Kapseln zu je 1 g gefüllt werden oder auch mit alkoholischen Getränken vermischt werden.

Rechtslage

Meskalin ist in Deutschland aufgrund seiner Aufführung in der Anlage I BtMG ein nicht verkehrsfähiges Betäubungsmittel. Der Umgang ohne Erlaubnis ist grundsätzlich strafbar.

In Österreich und Deutschland sind lebende meskalinhaltige Kakteen wie *Lophophora williamsii* oder Kakteen der Gattung *Echinopsis* (früher *Trichocereus*) nicht im Betäubungs- bzw. Suchtmittelgesetz aufgeführt. Der Besitz und Handel sind erlaubt, sofern botanische Zwecke verfolgt werden. Handel und Besitz zubereiteter Pflanzenteile zur Verwendung als Droge sind auf Grund des enthaltenen Meskalins verboten.

Peyote-Tinktur

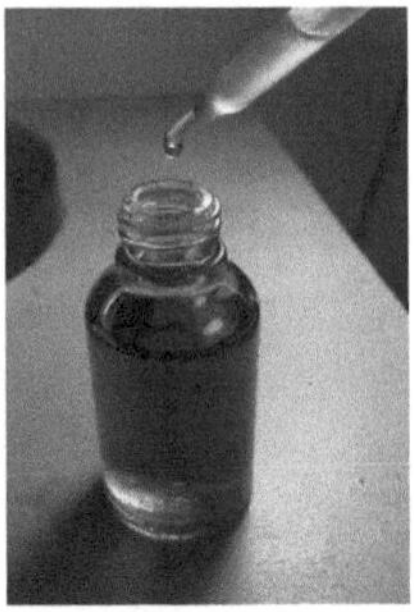

Seit vielen Jahrhunderten dienen Tinkturen zur Konservierung von wertvollen Inhaltsstoffen verschiedenster Heilpflanzen. Tinkturen ermöglichen eine einfache Extraktion der wirksamen Inhaltstoffe und werden daher oftmals als natürliche Arznei verwendet. Die Herstellung einer Peyote-Tinktur lässt sich ohne großen Aufwand in nur wenigen Schritten realisieren.

Als Ausgangsmaterial werden getrocknete oder frische Pflanzenteile (Peyote-Buttons) benötigt. Als Lösungsmittel eignet sich reines Ethanol oder hochprozentiger Schnaps. Aber auch Weingeist, Korn oder Wodka mit mind. 40 % Alkoholanteil können verwendet werden. Werden frische Pflanzenteile für die Herstellung verwendet, ist ein hoher Alkoholanteil empfehlenswert.

Zur Herstellung einer Tinktur eignen sich auch andere meskalinhaltige Kakteen wie beispielsweise San Pedro (*Echinopsis pachanoi*); dabei muss jedoch der unterschiedliche Meskalingehalt der jeweiligen Kakteen berücksichtigt werden.

Materialien

- 50 g trockenes Peyote-Pulver oder ca. 90 g San-Pedro-Pulver
- 100 ml Alkohol
- großes Glas mit Schraubdeckel
- Kaffeefilter
- Tropfflaschen aus Braunglas

50 g des trockenen Peyote-Pulvers werden zusammen mit 100 ml Alkohol in ein Glas mit Schraubdeckel gefüllt. Das gesamte Pulver muss mit Alkohol bedeckt sein. Anschließend wird das Glas verschlossen und für mindestens 2 Wochen dunkel stehen gelassen. Der Alkohol löst in der Zeit nach und nach die alkohollöslichen Inhaltstoffe aus dem Pulver heraus. Das Glas kann zur Unterstützung einmal am Tag geschüttelt werden.

Nach Ablauf der Zeit wird die Tinktur durch einen Kaffeefilter gegossen und anschließend in eine Tropfflasche gefüllt. Die Tinktur enthält nun einen Großteil der Peyote-Wirkstoffe. Bei Bedarf kann der zurückgebliebene Brei im Kaffeefilter ein weiteres Mal in Alkohol extrahiert werden.

Meskalin: Göttin und Teufelin – Tripbericht

Hinweis: Tripberichte sind subjektive Erfahrungswerte, die sich aufgrund von Dosis, Set und Setting von Person zu Person erheblich voneinander unterscheiden können.

Ich hatte gestern meinen ersten Meskalin-Trip. Lange habe ich mir damit Zeit gelassen, da ich gegenüber dieser Substanz einigen Respekt hatte. Ich spürte, dass es weniger einem »Trip«, als einer Befreiung ähneln würde. Es wurde ein Ritual, auf das ich mich einließ und bei dem selbst der Konsum Bestandteil des Rituals war.

Dosis: 40 g pulverisierter San Pedro

Die Einnahme erfolgte zuerst mit Honig vermischt. Danach habe ich den Honig weggelassen und es mit mehreren Gläsern mit Wasser vermischt getrunken. Der Geschmack war bitter, schon das berührte in mir etwas. Die Überwindung zu diesem Konsum zeigt schon, wie mächtig dieses Halluzinogen werden sollte.

Jeder Schluck musste gut »bedacht« und technisch ausgeführt werden, weil man sich sonst wegen des Geschmacks schnell übergeben müsste. Das geschah dann auch exakt beim letzten Schluck, den ich nahm. Es kam alles sofort wieder raus und ich konnte gerade noch meinen Eimer »treffen«.

Die erste Prüfung war überstanden. Nun begann die nächste Phase:

Körper/Geist/Seele:
Die Einnahme des Meskalins dauerte insgesamt ca. 30 Minuten und ich bemerkte schon bei den letzten Schlucken, wie sich etwas in mir veränderte. Ein mir nicht unbekanntes Gefühl. Es war wie das langsame Anfluten eines LSD-Rausches, allerdings nicht damit vergleichbar.

Ich bemerkte, wie mein Körper mich zwang, mich zu »entgiften«.

Schon leicht berauscht lief ich nach draußen, zu einem bestimmten Ort. Dort konnte ich es selber steuern und ließ erstmal einiges aus mir heraus. Ein klärendes Gefühl überkam mich danach. Die Umgebung erschien mir mystisch, ähnlich wie die Mystik von Pilzen, allerdings viel klarer und magischer.

Danach ging ich ins Haus zurück. Ich packte alles Notwendige (Wasser, Taschentücher, Tabak [als Brechmittel]) ein und ging in einen nahen Wald spazieren. Während des Laufens kam die Wirkung schon sehr stark durch und zeigte ihre emotionale Seite, als ich den »Rest« des Sonnenuntergangs sah und dieser Anblick, diese Formation der Wolken, die Farben, die mich einfach nur kurz erstarren ließen. Ich begann, schizophrene Züge anzunehmen und spürte eine Entität. Einen Geist ... ein übernatürliches Wesen, das über mir verharrte und mich beschützte.

Ich spürte wieder, wie mein Körper etwas »loswerden« wollte, und ließ diesem Ritual freien Lauf. Kurze Zeit hielt ich inne, spannte all meine Muskeln an und streckte meine

Arme gen Himmel. Ein wundervolles Gefühl der Befreiung. Ich spürte eine exakte Trennung von Körper, Geist und Seele. Weiter ging es durch den Wald. Es war dunkel und ich konnte kaum etwas erkennen. Jedes Geräusch nahm ich intensiv wahr, aber sie erschreckten mich nicht. Sie beglückten mich. Sie zeigten mir das Leben innerhalb dieses Waldes. Aus dem Wald heraus kam ich zu einem freien Feld und einer Brücke, wo ich mich hinsetzte. Dort wurde die Reinigung vollkommen und ich ließ in einem langen Akt alles aus mir heraus. Es war nicht unangenehm, es gehörte dazu. Ein Ritual, dem ich mich hingab. Circa 30 Minuten saß ich auf der Brücke und dachte nach, nahm die Ruhe der Umgebung in mich auf und begann eine Art Ritual-Tanz (ich hatte keine Musik dabei). Ich fühlte mich klar, frei und glücklich. Ich meditierte etwas, dachte über meinen Zustand nach.

Der Trip:
Er war bereits in vollem Gange. Ich lief langsam wieder zurück und dieses Mal untersuchte ich den Wald akribisch auf alle Pflanzen mit einer kleinen Dioden-Taschenlampe. Jedes Lebewesen schien seine Energie abzusenden. Nebel zog auf und hüllte alles in ein noch viel mystischeres Licht.

Ich fühlte mich erleuchtet, beschützt von einem Wesen. Einem Geist, der mich behütete. Als ich wieder in der Nähe der Straße war, bemerkte ich auch, wie meine optische Wahrnehmung beeinflusst war. Farben leuchteten, zogen Spuren nach sich und leichte Fraktale bildeten sich. Nicht sehr optisch, dafür umso emotionaler, gedanklicher, war der Trip.

Eine starke Zeitverzerrung wurde mir bewusst, beim Anblick der vorbeifahrenden Autos, die nahezu kaum vorwärtskamen.

Zuhause angekommen, setzte ich mich vor den PC und ging noch etwas in den LDT-Chat. Wann der Peak des Trips war, kann ich nicht wirklich abschätzen, da er recht plötzlich kam und ich sehr schnell innerhalb dieser anderen Welt war. Ich philosophierte mit einem Chat-Mitglied über diverse Themen, die in unserer Gesellschaft fehlen. Neid, Egoismus, Gier, alles Sachen, die uns seit Urzeiten verfolgen und zerstören. Wir Menschen sind keine Erlöser, sondern Zerstörer, obwohl der Mensch das Potenzial besitzt, im Einklang mit der Natur zu leben. Nur nicht in unserer Gesellschaftsform, die auf Hektik und materiellem Besitz basiert.

Mir wurde klar, wie weit uns diverse »Naturvölker« eigentlich geistig überlegen sind und wie sie solche Drogen sinnvoll einzusetzen wissen. »Wir« können dieses nicht, da es nicht in unserer Gesellschaft verankert ist. Drogen sind ein Tabu-Thema und in meinem Zustand hätte mich jeder sowieso für verrückt erklärt.

Irgendwann (Zeit gab es nicht) legte ich mich ins Bett. Dort wurde der Trip körperlich sehr anstrengend, da ich starkes Sodbrennen hatte und merkte, dass sich wohl noch einiges »Gift« in meinem Körper befand. Ich ging ins Badezimmer bzw. torkelte mehr, weil mein Körper gänzlich ausgelaugt war und ich kaum noch Kraft besaß. 10 Minuten muss ich dort gewesen sein und mich wieder »entleert« haben. Danach war die letzte Prüfung überstanden.

Ich legte mich wieder ins Bett (ohne Musik etc.) und versuchte mich zu entspannen. Schlaf war unmöglich und so lag ich bis ca. 13 Uhr am nächsten Tag im Bett, ohne auch nur einen Hauch von Schlaf genossen zu haben. Somit ist mein heutiger Zustand nicht wirklich als gut zu definieren.

Wenn man sich das alles durchliest, könnte man denken: »Wofür dieser Aufwand? Warum sich die Seele aus dem Leibe kotzen, um ein paar bunte Farben zu sehen?« Aber es ist weitaus mehr. Meskalin war für mich eine Reinigung meiner Seele. Ein wunderbares Gefühl. Ich merke nun schon, wie stark mich der Trip geprägt hat und dass ich bei Gelegenheit wieder dem Geist der Meskalita (weibliche Entität) einen Besuch abstatten werde. Beim nächsten Mal werde ich zumindest besser vorbereitet sein und die körperlichen Strapazen besser abwägen können. Ich erlebte meine eigenen Abgründe der Seele, meine Stärken, Schwächen und Ängste. Vor allem, dass ich mein Leben ändern will. Ich habe Drogen missbraucht, war abhängig und nun hat dieser kleine Kaktus-Geist auf einmal alles in mir verändert.

Ich werde mich vom hedonistischen Drogenkonsum distanzieren und lernen, meine Seele besser kennenzulernen, wie ich es damals schon tat. Dieser Trip war eine Besinnung auf das, was ich mit Psychedelika erreichen wollte. Charakterfindung/-formung.

Ich gönne mir nun eine Auszeit und werde verzichten. Irgendwann wird wieder eine Droge kommen, aber es wird definitiv ein Psychedelikum sein, das ich mit Respekt behandeln werde. Meskalin ist ein solches Psychedelikum. Es hat mir gezeigt, was mich bedrückte, und mich in Schutz genommen, ohne unehrlich zu mir zu sein.

Ich danke der Natur für dieses Mittel der Befreiung.

Normalerweise schreibe ich nun noch Details zu Optiken, Gedanken etc., aber ich unterlasse es, weil es nichts bringen würde. Worte sind zu begrenzt, um meine Emotionen von gestern zu beschreiben. Jedenfalls hatte ich bei keinem Psychedelikum (außer bei Pilzen) eine solche Magie gespürt, die mich und die Welt umspült. Eine Trennung und Reinkarnation von Körper, Geist und Seele.

Zum Titel: Meskalin war psychisch eine Göttin, die mich beschützte, teuflisch allerdings für den Körper. Es war zu keiner Zeit ein »Horrortrip«, aber sehr anstrengend, weil das Übergeben wirklich sehr an die Substanz ging und man sich irgendwann einfach nur noch »leer« fühlt. Leer, aber geklärt und befreit.

Dieser Trip war nicht stark, aber mächtig genug für ein Umdenken.

Danke für diese Erfahrung. [39]

Meskalin-Extraktion (B/S)

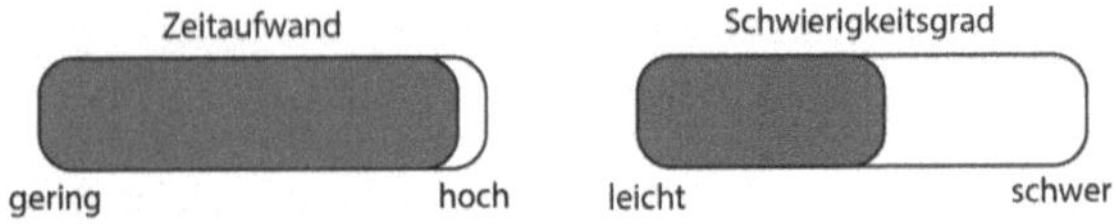

Materialien

- Kaktuspulver, mind. 200 g
- HDPE-Behälter, 5 l
- etwa 4 l destilliertes Wasser
- Säure (wahlweise: Salzsäure [mindestens 25%]), Essig 5%, Zitronensäure, Schwefelsäure)
- Lauge (Natriumhydroxid)
- pH-Streifen
- mehrere Glasbehälter
- Scheidetrichter oder große Pipette
- ca. 50 ml Aceton (wasserfrei)

Die folgende Extraktion unterscheidet sich in ihrem Ablauf leicht von einer gewöhnlichen Säure-Base-Extraktion. Da das Endprodukt nach der Extraktion in seiner Salzform vorliegen soll, ist es in diesem Fall sinnvoll, die Ansäuerung nach der Basifizierung vorzunehmen. Es ist somit keine S/B-Extraktion, sondern eine B/S-Extraktion.

Diese Anleitung wurde für den San-Pedro-Kaktus entwickelt, funktioniert aber ebenso mit Peyote, Achuma *(Echinopsis lageniformis)* und den Peruanischen Stangenkaktus *(Echinopsis peruviana)*.

Als erste Zutat werden etwa 200 g eines Kaktus-Pulvers benötigt. Zum Pulverisieren des Kaktus eignet sich ein herkömmlicher Mixer mit scharfen Schneideblättern. Beim Mixen können feine Partikel entweichen, daher sollte ein nasses Küchentuch über den Mixer gelegt werden. Gelangt das feine Kaktuspulver in die Nase oder Lunge, kann es unangenehme Reizungen verursachen. Beim Mixen ist etwas Feingefühl gefragt, da ein zu langes Mixen aufgrund der entstehenden Hitze das getrocknete Kaktuspulver »verbrennen« könnte.

Wenn der gesamte Kaktus zu Pulver verarbeitet wurde, sollte es in etwa so aussehen wie auf der Abbildung S. 159 oben. Normalerweise sollte die Farbe grünlich sein, da hier jedoch ein 10 Jahre alter Kaktus verwendet wurde, ist das Pulver braun geworden. Dies spricht für die Vermutung, dass der grüne Farbstoff der Pflanze (Chlorophyll) sich mit der Zeit zersetzt.

Meskalin scheint mindestens 5000 Jahre lang in getrockneten Kakteen aktiv zu sein, sodass es leicht aufbewahrt werden kann. Für einen Extraktionsdurchgang werden mindestens 200 g getrockneter Kaktus benötigt. Bei Mengen über 200 g empfiehlt es sich, anstatt eines großen Behälters mehrere kleine Behälter zu verwenden.

Kaktuspulver

Basifikation

1. Im ersten Schritt werden 3 Liter destilliertes Wasser in den HDPE-Behälter gefüllt. Es kann auch ein anderer Behälter verwendet werden, wichtig ist jedoch, dass er genügend Volumen besitzt (also um die 5 l) und verschließbar ist.
2. Dann wird das Wasser mit einer Lauge basifiziert. Dafür werden pH-Teststreifen und eine Lauge benötigt, in diesem Fall Natriumhydroxid (NaOH).

▶ Natriumhydroxid ist eine starke Lauge. Daher sollte man besonders vorsichtig arbeiten und alle Schutzmaßnahmen ergreifen.

Es wird unter ständigem Rühren, Löffel für Löffel, dem Wasser hinzugefügt. Der pH-Wert sollte dabei regelmäßig kontrolliert werden. Liegt der pH-Wert bei etwa 13, kein weiteres NaOH hinzufügen.

Wichtig: Es darf immer erst neue Lauge hinzugefügt werden, wenn sich das bereits beigemischte Natriumhydroxid im Wasser vollständig aufgelöst hat. Schwimmen viele unaufgelöste Teile NaOH am Boden, ist die Lösung wahrscheinlich übersättigt.

Wird der Behälter daraufhin verschlossen, entsteht durch die Reaktion mit Wasser ein gewisser Druck. Daher sollte der Deckel hin und wieder geöffnet werden, um das Gas freizusetzen.

3. Wenn sich die Lauge vollständig aufgelöst hat, kann das gesamte Kaktuspulver unter Rühren dem Wasser beigemischt werden. Die Lauge zersetzt nun das pflanzliche Material und wandelt die Alkaloide in ihre Freebase-Form um. (Sie sind in unpolaren Lösungsmitteln, aber nicht in Wasser löslich.) Nun wird die Mischung für mehrere Stunden bei gelegentlichem Umrühren stehen gelassen.

Extraktion

4. Nun wird ca. 300–500 ml unpolares Lösungsmittel (Xylol oder Toluol) der Mischung hinzugefügt. Das Lösungsmittel lässt sich nicht vermischen, sondern bildet eine Schicht oberhalb des Gemisches.

   ▶ Wenn man Ether oder Toluol verwendet, bildet sich die Lösungsmittelschicht oberhalb der Wasserphase, bei Nutzung von Methylenchlorid oder Chloroform liegt sie unterhalb der Wasserphase.

   Unter Umständen kann es passieren, dass sich zwischen der Lösungsmittelschicht und dem Pflanzengemisch eine Wasserschicht bildet, was jedoch nicht weiter schlimm ist, wenn man sie im weiteren Verlauf nicht mit der Lösungsmittelschicht verwechselt.

5. An dieser Stelle muss sehr behutsam vorgegangen werden. Denn jetzt muss das Lösungsmittel mit so viel Pflanzengemisch wie möglich in Berührung kommen, ohne dass die einzelnen Schichten zu stark vermischt werden. Der Grund dafür ist, dass die beiden Schichten eine Emulsion bilden können und sich dann nicht mehr so leicht voneinander trennen (erkennbar daran, dass sich Schaum bildet). Der Behälter sollte also nicht geschüttelt, sondern nur mit einem Löffel gerührt werden.

   Es ist sehr unwahrscheinlich, dass alle Alkaloide beim ersten Durchgang in das Lösungsmittel übergehen, daher wird dieser Vorgang mindestens zweimal durchgeführt. Interessant ist, dass selbst dann die Alkaloide in das Lösungsmittel übergehen, wenn das Lösungsmittel nur auf dem Gemisch schwimmt. Aus verschiedenen Berichten geht hervor, dass schon ein sanftes Mischen bzw. Rollen des Behälters zu einem guten Endergebnis führt. Die Schichten sollten sich bereits nach wenigen Minuten wieder voneinander getrennt haben. Ist das nicht der Fall, muss die Emulsion abfiltriert werden.

6. Nachdem der Inhalt etwa 10 Minuten gerührt wurde, kann der Behälter mit dem Gemisch für 24 oder 48 Stunden beiseitegestellt werden.

Trennung

7. Als Nächstes muss die Lösungsmittelschicht abgesaugt und in ein separates Gefäß gefüllt werden. Hierfür kann, wie bei anderen Extraktionen, eine große Pipette verwendet werden. Dabei muss darauf geachtet werden, dass lediglich die Lösungsmittelschicht abgesaugt wird. Sollte dennoch etwas vom Pflanzengemisch in das separate Lösungsmittel-Gefäß gelangen, muss so lange gewartet werden, bis sich die Verunreinigung am Boden des Gefäßes abgesetzt haben, damit es anschließend wieder entfernt werden kann. Wird anstatt der Pipette ein Scheidetrichter verwendet, werden beide Phasen abgegossen und in unterschiedliche Behälter separiert. Wenn sich das gesamte meskalinhaltige Lösungsmittel in einem separaten Behälter befindet, kann dieser vorerst beiseitegestellt werden.

8. Um alle Alkaloide aus dem Pflanzenmaterial zu lösen, werden mindestens 2 Durchläufe benötigt (Schritt 4–8). Nachdem alle Alkaloide aus dem Gemisch herausgelöst wurden, kann das Pflanzengemisch mit viel Wasser neutralisiert und entsorgt werden. An dieser Stelle müsste sich ca. 1 Liter meskalinhaltiges Lösungsmittel in einem oder mehreren separaten Gefäßen befinden.

▶ Wenn man wissen möchte, wie viel Meskalin bei dem jeweiligen Durchlauf (Pull) herauskam, sollte das meskalinhaltige Lösungsmittel in mehreren separaten Behältern aufbewahrt und gekennzeichnet werden.

Jetzt befindet sich **Meskalin in seiner Freebase-Form** im Lösungsmittel. Freebase-Meskalin ist jedoch ein ätzendes Öl, das nicht für den Konsum bestimmt ist, daher muss es in seine Salzform umgewandelt werden.

Salzen

Im nächsten Schritt werden die Alkaloide in ihre Salzform umgewandelt. Diese sind in Wasser, aber nicht in unpolaren Lösungsmitteln löslich.

Zur Ansäuerung können verschiedene Säuren verwendet werden:

▶ Verwendet man **Schwefelsäure,** werden die Alkaloide in ihre Sulfat-Form umgewandelt. Wird **Salzsäure** verwendet, erhält man Meskalin in seiner Hydrochlorid-Form. Ebenfalls möglich ist **Zitronensäure** für Meskalincitrat oder 5%ige Essigsäure für Meskalinacetat. Meskalinhydrochlorid und Meskalinsulfat werden jedoch am häufigsten hergestellt, da ihre Kristalle sehr stabil, rein und nicht wachsartig sind. Meskalinsulfat-Kristalle sind etwas länger und größer als die des Meskalin-Hydrochlorids, dafür aber in ihrer Wirkung etwas weniger stark. Meskalin-Hydrochlorid ist für kleinere, aber potentere Kristalle bekannt. (Psychederic 2015)

Das Arbeiten mit Salzsäure erfordert besondere Vorsichtsmaßnahmen. **Atemwege, Haut und Augen können bei hochkonzentrierter Salzsäure schnell verätzen. Auch darf die Verdampfung, aufgrund der giftigen Dämpfe, nicht in geschlossenen Räumen durchgeführt werden.** Unerfahrene Chemiker sollten daher auf Zitronensäure oder 5%ige Essigsäure zurückgreifen.

Phasentrennung

Etwa 400–500 ml des meskalinhaltigen Lösungsmittels werden in einen Behälter gegeben, dem anschließend eine Zitronensäurelösung hinzugefügt wird.

Anschließend werden die beiden Phasen gut vermischt, woraufhin die Alkaloide aus dem Lösungsmittel in die saure Lösung wandern. Die Alkaloide befinden sich nach mehrmaligem Umrühren und Stehenlassen nun in der unteren Phase (siehe Abbildung).

▶ Eine **Zitronensäurelösung** kann wie folgt hergestellt werden: Es werden schrittweise geringe Mengen des Zitronensäurepulvers auf 1 Liter destilliertes Wasser gegeben. Nach jeder Hinzugabe von Zitronensäurepulver sollte der pH-Wert überprüft werden. Ein pH- Wert von 3 ist ausreichend. Zum Umrühren sollten nichtmetallische Utensilien verwendet werden, da Zitronensäure mit einigen Metallen reagiert. Die Utensilien sollten vor dem Gebrauch gründlich gereinigt werden, um eine Kontamination der Lösung zu vermeiden.

Trennung

In diesem Schritt wird das Wasser, das jetzt die Alkaloide enthält, vom Lösungsmittel getrennt.

▶ Wird mit einem Scheidetrichter gearbeitet, muss nun lediglich der Hahn geöffnet werden, damit das Wasser abfließen kann. Ganz wichtig ist, den Hahn zu schließen, bevor das oben schwimmende Lösungsmittel mit herausfließt.

▶ Wird ohne Scheidetrichter gearbeitet, muss das Lösungsmittel mit einer Pipette oder Spritze abgesaugt werden.

Je nach Größe der Pipette kann dieser Vorgang schon einige Minuten in Anspruch nehmen. Das Lösungsmittel muss nicht weggeworfen werden, sondern kann für weitere Extraktionen in einer Flasche gesammelt werden.

Dieser Vorgang wird mit allen meskalinhaltigen Lösungsmitteln durchgeführt, bis sich das alkaloidhaltige Wasser in kleinen, separaten Gläsern befindet. Je nachdem, wie sorgfältig gearbeitet wurde, erhält man einige Gläser mit schönem klarem Wasser und einige Gläser mit mehr schmutzigem oder gelblichem Wasser. Die Gläser können einige Stunden ohne Deckel stehengelassen werden, damit noch eventuelle Lösungsmittelrückstände verfliegen. Der Geruch des Wassers verrät die Alkaloidkonzentration. Je intensiver der Geruch, desto höher der Alkaloidgehalt.

Verdunstung

Die entstandenen Kristalle

In dem Wasser befindet sich nicht nur Meskalin, sondern es sind auch alle anderen Alkaloide in ihrer Salzform enthalten. Um Kristalle zu bekommen, muss das Wasser verdunstet werden. Dafür eignet sich am besten eine Auflaufform mit einer glatten Oberfläche. Um den Prozess zu beschleunigen, kann die Auflaufform bei 60 C° in den Ofen gestellt werden.

Je nachdem, welche Säure verwendet wurde, dürfte das Ergebnis so oder so ähnlich aussehen (siehe Abbildung).

Wenn die Kristalle eine leicht bräunliche Farbe aufweisen, könnte das bedeuten, dass zu viel Säure verwendet wurde. Dies ist jedoch kein Problem, und die Kristalle können in einem letzten Schritt noch gereinigt werden. Beim Abkratzen der Kristalle wird man feststellen, dass sich darin mal größere und mal kleinere Kristalle befinden. Aus verschiedenen Berichten geht hervor, dass es sich bei den kleineren Kristallen um andere pflanzliche Alkaloide handelt und bei den größeren, etwas länglicheren um Meskalin. Auf diese Weise lässt sich per »Augenmaß« auch das Meskalin- zu Alkaloid-Verhältnis einigermaßen gut bestimmen.

Diese Alkaloidmischung ist für den Konsum geeignet und von der Wirkung her mit der eines Kaktus-Tees zu vergleichen, jedoch um einiges besser zu dosieren. Vor dem Verzehr sollte allerdings die San-Pedro-Diät befolgt werden, da manche extrahierten Alkaloide mit bestimmten Nahrungsmitteln reagieren könnten.

Reinigung von Meskalin mit wasserfreiem Aceton

In diesem Vorgang wird das Meskalin von unerwünschten Rückständen und anderen Alkaloiden getrennt. Dabei sollte berücksichtigt werden, dass je nach Qualität der Arbeitsweise nur ca. 50 % der Kristalle reine Meskalinkristalle sind.

Die Reinigung beruht auf dem Prinzip, dass Meskalin, im Gegensatz zu den anderen Alkaloiden und Verunreinigungen, im eiskalten Aceton nicht löslich ist. Allerdings wird hierfür wasserfreies Aceton benötigt. Eine Anleitung zur Herstellung von wasserfreiem Aceton findest du im Kapitel »Trockenes Aceton – Herstellung«.

Wasserfreies Aceton wird benötigt, weil Meskalinsalze im Wasser löslich sind und so das eventuell im Aceton befindliche Wasser ungewollt Meskalin aufnehmen könnte.

1. Zunächst müssen die Kristalle zerkleinert werden, damit sich die verschiedenen Alkaloide vom Meskalin trennen lassen.
2. Für den nächsten Schritt wird ein kleiner verschließbarer Behälter benötigt. Dieser wird mit etwa 50 ml eiskaltem, trockenem (wasserfreiem) Aceton befüllt. Damit das Aceton eiskalt ist, muss es vorher für einige Stunden in ein Gefrierfach gestellt werden.
3. Jetzt werden die zerkleinerten Alkaloid-Kristalle dem eiskalten Aceton hinzugefügt. Der Behälter wird luftdicht verschlossen und kräftig geschüttelt (der Deckel des Behälters sollte nach dem Schüttelvorgang geöffnet werden, damit entstehende Gase austreten können). Das Lösungsmittel verfärbt sich dadurch leicht, während die Kristalle klarer werden.
4. In diesem Schritt kann das Lösungsmittel vorsichtig abgegossen werden, wobei die gereinigten Kristalle zurückbleiben.
5. Die getrennte Lösungsmittel-Phase kann daraufhin erneut diesem Vorgang unterzogen werden, um alle Meskalinkristalle restlos von Rückständen zu befreien.

Die zurückgebliebenen Meskalinkristalle können nun wieder mit warmem destilliertem Wasser gelöst und anschließend im Ofen getrocknet werden.

Möchte man die anderen Alkaloide behalten, kann das abgegossene Aceton in einer Schale verdampft werden.

Trockenes Aceton - Herstellung

Hinweis: Trockenes (wasserfreies) Aceton ist in Baumärkten oder im Internet frei erhältlich.

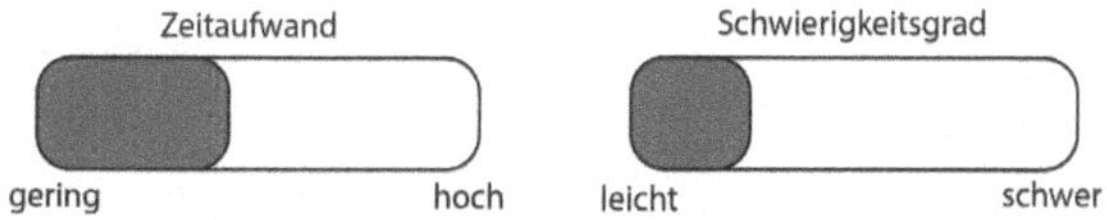

Materialien

- Bittersalz
- Aceton (500 ml)
- Glasbehälter (luftdicht verschließbar)
- Ofen

Etwa 100 g Bittersalz werden in einer geeigneten Schale bei 100 °C für eine Stunde in den Ofen gestellt. Sobald das trockene Bittersalz aus dem Ofen genommen wird, fängt es augenblicklich an, Wasser aus der Luft zu absorbieren. Daher wird das Salz daher schnellstmöglich in einen Glasbehälter gefüllt und anschließend luftdicht verschlossen.

1. Nun werden drei gehäufte Esslöffel (etwa 75 g) des getrockneten Salzes in 500 ml Aceton gegeben. Wenn die Salze auf dem Boden verklumpen und nass aussehen, wird mehr Salz hinzugefügt, bis es frei auf dem Boden liegt und trocken aussieht (trotz der Tatsache, dass es in Aceton liegt).

2. Danach wird das Glas geschüttelt (die entstehenden Gase müssen durch Öffnen des Deckels freigesetzt werden). Anschließend wird das Glas über Nacht stehen gelassen. Die Salze bilden auf dem Boden eine dicke Schicht, wodurch das Aceton am nächsten Tag problemlos abgegossen werden kann.

▶ Ein guter Trick bei der Verwendung einer HD-PE-Flasche (ohne die Flasche umzudrehen und das Salz aufzuwirbeln) ist, in die Flasche ein kleines Loch knapp oberhalb der Salzschicht zu bohren. Auf diese Weise kann das Aceton leicht in ein anderes Glas umgefüllt werden.

Zum Absaugen sollten keine Plastikpipetten oder andere Plastikutensilien verwendet werden, da diese vom Aceton angegriffen werden. Trockenes Aceton absorbiert ebenfalls sofort Wasser aus der Luft, also sollte es schnell in einem geeigneten Gefäß luftdicht verschlossen werden.

Peganum harmala

β-Carboline

Das kollektive Unbewusste ist genau wie andere transpersonale Phänomene ein Beweis dafür, dass unser Geist keine isolierte Einheit ist, sondern ständig mit anderen Geistern und der Welt um uns herum in Kontakt steht. Wir sind niemals völlig von der Außenwelt losgelöst, niemals vollständig in unserer Haut eingeschlossen. Unser Geist und unser Körper schwingen mit unserer Umwelt mit, auch mit anderen Menschen in unserer Umwelt. Unser Geist ist kohärent mit der Welt, und wenn wir die Intuitionen, die uns mit anderen Menschen und mit der Natur verbinden, nicht unterdrücken, können wir uns unserer Einheit mit dem Universum bewusst werden.

JAMES OROC

Syrische Steppenraute *(Peganum harmala)*

Die Syrische Steppenraute ist ein traditionelles Heilmittel und wird aufgrund ihrer halluzinogenen Wirkung seit Urzeiten bei religiösen Ritualen verwendet. Auch wird ihr eine gewisse aphrodisische Wirkung zugesprochen. Die in den Samen enthaltenden Harman-Alkaloide wirken als RIMA (Reversible Inhibitoren der MAO-A) und werden verwendet, um die Wirkung psychoaktiver Drogen zu steigern oder um eine orale Wirkung erst zu ermöglichen. Die Samen der Steppenraute gelten als stärkste natürliche Quelle für β-Carbolin-Alkaloide und werden in psychonautischen Kreisen gerne zur Herstellung von Ayahuasca-Analogen verwendet. Es wird berichtet, dass die Verwendung von *Peganum-harmala*-Samen in einem Ayahuasca-Analog keine »Ayahuasca-typische« Übelkeit hervorruft.

► In der indischen Volksmedizin werden die Samen zur Behandlung von Magenproblemen, Menstruationsleiden, Nervenleiden, Haarausfall, Hämorrhoiden und zur sexuellen Stimulation eingesetzt.

Weiter enthalten die Stängel und Blätter ein sehr gut duftendes ätherisches Öl. Verwendet man dieses Öl für Massagen, wirkt es sich entspannend auf die Muskulatur aus. Außerdem sind im Kraut Fettsäuren und Vitamin C enthalten.

Wirkung und Konsum

In geringen Mengen konsumiert (ab 1 g), haben die Samen eine antidepressive und stimmungsaufhellende Wirkung. Erst bei einer hohen Dosierung, ab etwa 10 g, sollen halluzinogene Effekte auftreten. Etwa 1,5–4 g der Samen werden benötigt, um eine MAO-hemmende Wirkung zu induzieren. Jedoch kann bereits 1 g der Samen, oral eingenommen, eine subtile Wahrnehmungsveränderung hervorrufen. 30 g der Samen sollen hingegen einen starken, aber unangenehmen Trip hervorrufen. Circa 100 g wirken toxisch.

Orale Einnahme

Die wohl einfachste Methode ist, die Samen gründlich zu zerkauen und mehrere Minuten mit Speichel zu vermischen, bevor man sie herunterschluckt. Das Zerkauen der Samen ist aufgrund des bitteren Geschmacks allerdings etwas gewöhnungsbedürftig. Eine andere Variante ist, die Samen vorher zu pulverisieren, bei Bedarf in Kapseln zu füllen und mit Wasser einzunehmen.

Harmala-Tee

Für einen bitteren, aber wirkungsvollen Harmala-Tee können 4–5 g des Samenmaterials in 150 ml Wasser für 20–30 Minuten geköchelt werden. Aufgrund der MAO-hemmenden Wirkung des Tees sollte er grundsätzlich nur auf nüchternen Magen getrunken werden.

Inhalation

Die Samen können als trockenes Pulver, pur oder gemischt mit anderen Pflanzen, geraucht werden.

▶ In Ladakh (Indien) werden die Samen auf einer heißen Eisenplatte geröstet, sehr fein zermahlen und mit dem Saft einer frischen Zitrone vermischt. So entsteht eine Paste, die nach dem Trocknen mit oder ohne Tabak geraucht werden kann.

Die MAO-hemmende Wirkung hat beim Rauchen eine schwächere und kürzere Wirkung als bei der oralen Einnahme. Deshalb ist es beim Rauchen auch nicht notwendig, eine MAO-Diät einzuhalten, welche man z.B. aus Sicherheitsgründen beim oralen Konsum vor Ayahuasca einhalten sollte. Aufgrund der geringeren Wirkung wird von vielen Psychonauten beim Rauchen oft ein Extrakt bevorzugt.

Eine andere Möglichkeit der Zubereitung ist, etwa 15 g der Samen in wenig Wasser und etwas Zitronensaft so lange einzukochen, bis eine Paste entsteht. Diese kann anschließend getrocknet und ebenfalls geraucht werden.

Als Räucherwerk

Rituell werden die Steppenrautensamen meist als Räucherwerk verwendet, um einen tranceähnlichen Zustand herbeizuführen. Dazu muss der aufsteigende

Rauch allerdings tief und lange inhaliert werden. Zudem wird dem Räucherwerk eine entspannende, reinigende und geistklärende Wirkung nachgesagt.

Inhaltsstoffe

Der Alkaloidgehalt in den Samen schwankt zwischen 2 und 6%.

Harman 0,16%
Harmin .... 0,44–4,3% (die Samenhülse soll große Mengen an Harmin enthalten)
Harmalin 0,25–5,6%
Harmalol 0,6–3,9%
Tetrahydroharmin 0,1%
Vasicin (Peganin) 0,25%
Vasicinon .... 0,0007% [40]

Laut einer Studie machen die Gesamtalkaloide 5,9% des Trockengewichts aus [41]. Die Stängel der Pflanze enthalten rund 0,36% Alkaloide, die Blätter rund 0,52%, und die Wurzeln bis zu 2,5%.

Schmelzpunkt Harman-Alkaloide (Freebase)
Harmalin .... 223–234 °C
Harmin .... 261°C (Harmin-Hydrochlorid: 321 °C)
Tetrahydroharmin .... 187–190 °C
Harman .... 237–238 °C

Risiken bei der Einnahme

Ein übermäßiger Konsum der Samen kann zu Schwindel, Erbrechen, Übelkeit, Zittern, Tinnitus und Bradykardie bzw. Tachykardie führen.

Syrische Steppenraute darf nicht in Verbindung mit anderen SSRI oder anderen pharmazeutischen Antidepressiva eingenommen werden. **Aber auch besondere Vorsicht bei der Kombination mit Antihistaminika, Antihypertensiva, Opiaten, Amphetaminen, MDMA und anderen Phenethylaminen ist geboten. Derartige Kombinationen können lebensgefährlich sein!**

Auch vom Mischkonsum mit Alkohol wird abgeraten.

Es sollte beachtet werden, dass Syrische Steppenraute bei bestimmten Diäten und in Kombination mit Medikamenten Bluthochdruck verursachen kann. Menschen mit Bluthochdruck wird vom Konsum abgeraten.

Syrische Steppenraute sollte nicht während der Schwangerschaft eingenommen werden.

Die Ausbildung einer körperlichen oder psychischen Abhängigkeit ist nicht bekannt.

Tripbericht (Zusammenfassung) mit 2 g Peganum-harmala-Samen (Monokonsum)

Die Wirkung setzte etwa 15–20 Minuten nach der Einnahme ein. Als Erstes spürte ich eine deutliche Steigerung meiner Laune. Auch zuvor war meine Laune nicht wirklich schlecht, doch jetzt machte sich ein wohliges und warmes Gefühl in mir breit. Alles war irgendwie interessanter und witziger. Ich spürte, dass sich meine Wahrnehmung leicht veränderte und sich meine Lippen leicht betäubt anfühlten. Mir wurde etwas schwummerig, jedoch nicht schwindelig. Meine Denkleistung war spürbar verbessert, was dazu führte, dass mein Zeitempfinden sich verzerrte. Etwa 10 Minuten lang kam es mir vor, als würden die Sinneseindrücke von meinem Gehirn leicht verzögert verarbeitet werden. Als die Wirkung langsam nachließ, wurde ich müde. Ich aß etwas Fleisch und Schokolade, um die MAO-hemmende Wirkung zu erforschen. Nur wenige Minuten danach stellten sich leichte Kopfschmerzen ein, die etwa 30-45 Minuten anhielten.

Mischkonsum

Bevor man irgendwelche Experimente mit MAO-hemmenden Pflanzenteilen im Mischkonsum unternimmt, sollte man sich gründlich mit den möglichen Risiken auseinandersetzen (siehe Kapitel »MAO-Hemmer« und »MAO-Hemmer Gefahrenhinweise«).

Mit Cannabis: Wird etwa 30–45 Minuten nach der Einnahme von 2–3 g Steppenrautensamen Cannabis geraucht, ist es sehr wahrscheinlich, dass das Cannabis nicht mehr nur ein »High«, sondern einen echten »Trip« hervorruft, der in der Intensität durchaus mit einem leichten LSD- oder Psilocybin-Trip zu vergleichen ist. [42]

Rechtslage

Die Pflanze ist in Deutschland völlig legal und unterliegt keinen rechtlichen Bestimmungen.

Harmin und Harmalin

Die Substanzen Harmin und Harmalin gehören zur Stoffgruppe der **Harman-Alkaloide.** Harmin und Harmalin sind Inhaltstoffe verschiedenster Pflanzen, darunter die Syrische Steppenraute (die Namensgeber der Stoffgruppe ist), aber auch die seltene Dschungelliane *Banisteriopsis caapi.*

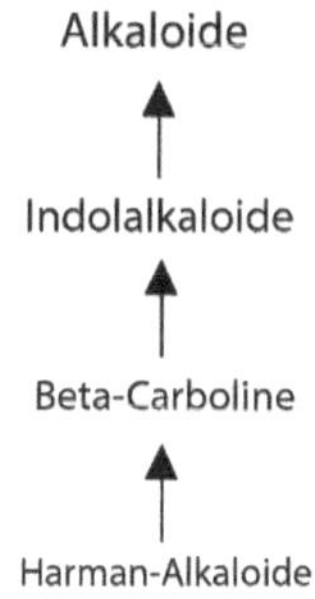

Neben **Harmin** (7-Methoxyharman) und **Harmalin** (3,4-Dihydroharmin) umfasst diese Stoffgruppe auch die verwandten Substanzen **Harman** (7-Hydroxyharman), **Harmol, Harmalol** (7-Hydroxy-3,4-dihydroharman) und **Tetrahydroharmin.**

Die Harman-Alkaloide werden wiederum in die Stoffgruppe der Beta-Carboline eingeordnet.

Bekannteste Harman-Alkaloide

- Harmin
- Harmalin
- Tetrahydroharmin
- Harmol
- Harmalol
- Harman
- Tryptolin (Tetrahydro-β-Carbolin)
- Pinolin (6-Methoxytetrahydro-β-Carbolin)
- β-Carbolin-3-Carbonsäureethylester (β-CCE)

Harmin und Harmalin werden über die Aminosäure Tryptophan synthetisiert und wirken im menschlichen Körper als reversible MAO-Hemmer (RIMA). RIMA hemmen die MAO-A, jedoch nicht die ähnlich wirkende MAO-B. Damit verzögern sie u. a. die Verstoffwechslung der Neurotransmitter Dopamin und Serotonin, des Hormons Melatonin sowie verschiedener psychedelischer Halluzinogene auf Tryptaminbasis wie DMT, Psilocybin/Psilocin und das Phenylethylamin Meskalin.

Harmalin und Harmin haben zudem antibakterielle, antivirale und antioxidative Eigenschaften. In der Medizin werden die Harman-Alkaloide zur Behandlung der Encephalitis sowie bei Parkinson-Patienten eingesetzt.

Wirkung und Einnahme

Hat Harmin eine halluzinogene Wirkung? Dieser Frage wollten die Wissenschaftler Maurer, Dittrich und Lamparter im Selbstversuch auf den Grund gehen. Sie unternahmen 11 Versuche mit Dosierungen zwischen 25–750 mg sublingual. Es stellte sich heraus, dass Harmin vergleichsweise wenig Ähnlichkeit mit den klassischen Halluzinogenen wie Meskalin und Psilocybin aufweist. Die Wirkung von Harmin bewirkt vielmehr einen Zustand, den Maurer vor allem als einen Rückzug von der Umgebung und als eine wohlige Entspanntheit bei leicht verminderter Konzentrationsfähigkeit beschreibt.

Ab einer Dosierung von 300 mg traten unangenehme Syptome wie Schwindel, Übelkeit und Störungen der Bewegungskoordination auf. Aufgrund dieser Beobachtungen führten sie keine weiteren Versuche oberhalb einer Dosierung von 750 mg durch.

- Die wirksame Dosis von **Harmin** liegt bei 2 mg/kg Körpergewicht i.v. (intravenös) oder bei 8 mg/kg Körpergewicht p.o. (oral) [43].

- Die wirksame Dosis von **Harmalin** liegt bei 1 mg/kg Körpergewicht i.v. oder 4 mg/kg Körpergewicht p.o. [44].

C. Rätsch untersuchte ebenfalls diese Droge und gibt folgenden Kommentar zu Harmin ab:

»Harmin begünstigt das freie Assoziieren, fördert die Phantasie und Vorstellungskraft und verstärkt die Wirkung anderer psychotroper Substanzen (z.B. von Cannabinolen und Tropanalkaloiden).« [45]

Aus dem herbaltalk.com-Forum stammen folgende Kommentare zum Rauchen von Harmin und harminhaltigen Pflanzen:

Die Harmala-Alkaloide sind vielfach potenter, wenn sie geraucht werden, anstatt oral eingenommen!

Werden Harmala-Alkaloide in Kombination mit DMT konsumiert, sollte das DMT erst dann geraucht werden, wenn die Wirkung der Harmala-Alkaloide sich bemerkbar macht. Die Dauer des Trips wird dann ca. 1 Stunde lang anhalten und ist damit wesentlich kürzer als die orale Bereitung von Ayahuasca. Die Wirkung ist ähnlich der Wirkung von Ayahuasca, jedoch ohne die intensive Übelkeit. [46]

Die Wirkung des Harmalins hat C. Naranjo im Rahmen eines psychotherapeutischen Experiments im Jahr 1964 untersucht, das die subjektive Wirkung von Harmalin verdeutlichen sollte. Die Teilnehmer wurden im Vorfeld nicht

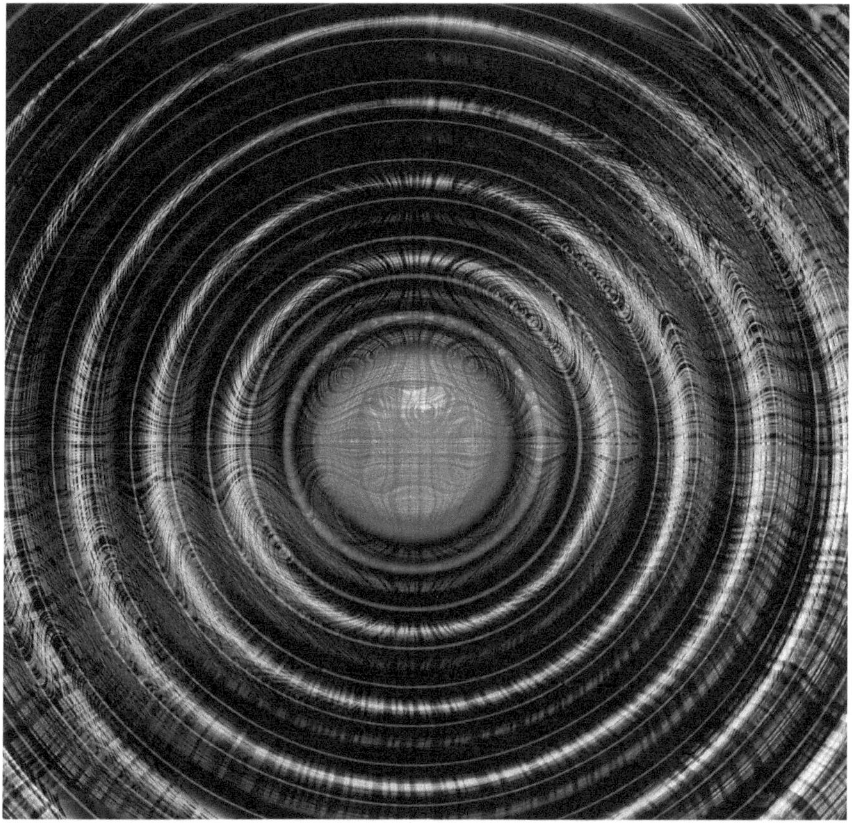

über mögliche Wirkungen bzw. Nebenwirkungen unterrichtet, sodass ein Placeboeffekt ausgeschlossen werden konnte. Erstaunlicherweise glichen sich die gemachten Erfahrungen der Probanden weitgehend. Häufig wurden lebhafte Träume und Visionen geschildert, in denen Tiere, Menschen oder der Tod vorkamen; oder die Probanden sahen kreisförmige Muster, die viele mit einer »Quelle« assoziierten. Naranjo vermutet, dass es sich bei den transpersonalen Erfahrungen und ihrer Symbolik um eine Art Jungsche Archetypen handelt und dass solche Visionen ein charakteristisches Merkmal von Harmalin darstellen. Harmalin wird von C. Naranjo den »Vorstellungskraft fördernden« Drogen zugerechnet. [47]

Extraktion von *Peganum harmala*

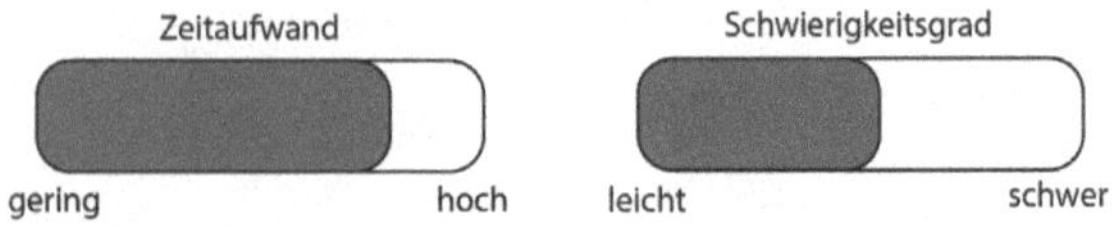

Materialien

- Lauge (Natriumhydroxyd)
- Essigessenz (5%)
- Salz ohne Zusatz
- Natriumcarbonatlösung
- destilliertes Wasser (zur Sicherheit 5 Liter)
- Kaffeefilter
- Trichter
- Edelstahltopf
- pH-Streifen
- Einmachglas (ca. 1000 ml)
- mehrere Becher zum Auflösen
- Gummihandschuhe
- Samen der Syrischen Steppenraute

Ein Extrakt der *Peganum-harmala*-Samen kann auf verschiedenste Weise gewonnen werden. Die folgende Extraktionsmethode erfordert einen gewissen zeitlichen Aufwand, ist jedoch überaus leicht durchzuführen.

Säurekochen

Für eine Extraktion aus *Peganum-harmala*-Samen ist es nicht unbedingt notwendig, die Samen zu einem feinen Puder zu verarbeiten. Da sich das Harmin ohnehin in der äußeren Schale der Samen befindet, reicht es aus, die Samen mit heißem Wasser aufzukochen. Macht man sich jedoch die Mühe, die Samen mit einem Mörser o.ä. zu zerstampfen, erhält man zusätzlich zum Harmin auch das Harmalin, welches sich im Inneren der Samen befindet. Ein ganzheitlicher Auszug erfordert somit das Zerstampfen der Samen.

1. Die Samen werden in beliebiger Menge in einen Topf gegeben und mit destilliertem Wasser bedeckt.

Nach dem Sieden wird das Extrakt vom Pflanzenmaterial getrennt

2. Als Nächstes wird die Säure hinzugefügt. Hierfür eignet sich 5%iger Essig aus dem Lebensmittelgeschäft. Dieser hat einen pH-Wert von etwa 2,4. Ein pH-Wert von 3–4 ist jedoch völlig ausreichend (pH-Teststreifen werden benötigt).

3. Nun wird das Ganze für ein bis zwei Stunden zum Sieden auf den Herd gestellt. Nach etwa einer Stunde werden die Samen weicher und können ganz leicht zerkleinert werden.

Hinweis: Die Lösung leuchtet unter UV-Licht.

4. Nach 2 Stunden kann die Flüssigkeit vorsichtig durch einen Kaffeefilter abgegossen werden. Sollte der Kaffeefilter schnell verstopfen, kann dafür auch ein feinmaschiges Muldentuch oder ein Baumwolltuch verwendet werden. Dazu legt man das Tuch über einen weiteren Topf und gießt die gekochten Samen aus dem anderen Topf hinein. Nun presst man die restliche Flüssigkeit aus den Samen durch das Tuch. Die dadurch erhaltene Flüssigkeit wird zusätzlich noch einmal mit einem Kaffeefilter gefiltert.

   Die Samen aus dem Tuch werden zurück in den Topf zum erneuten Kochen gegeben.

1. Die Schritte 3–4 sollten mindestens 2 weitere Male wiederholt werden. Am Ende sollte die Flüssigkeit so gut gefiltert sein, dass sie leicht durch einen Kaffeefilter fließt, ohne ihn zu verstopfen.
   Anschließend werden alle filtrierten Flüssigkeiten zusammen eingekocht.

▶ Die folgenden Angaben sind nur Richtwerte:
Wurden 100 g Samen verwendet, kann auf 1000 ml eingekocht werden.
Bei 15 g Samen sollten es am Schluss etwa 150 ml sein.

Die eingekochte Flüssigkeit muss so lange filtriert werden, bis sie mühelos durch den Kaffeefilter läuft.

Zum besseren Verständnis wird die eingekochte Flüssigkeit nun als »Samensud« bezeichnet.

Basifizierung

Zur Basifizierung wird eine Laugenlösung hergestellt. Dafür wird ein Glas mit destilliertem Wasser befüllt. Dem Wasser wird so lange Lauge (Natriumhydroxid) hinzugefügt, bis die Lösung einen pH-Wert von 11 überschritten hat. Nach jeder Hinzugabe der Lauge sollte der pH-Wert mit einem pH-Teststreifen kontrolliert werden.

▶ Dabei muss aus Sicherheitsgründen beachtet werden, dass die Lauge nur in kleinen Mengen dem Wasser hinzugefügt wird, keinesfalls andersherum.

1. Jetzt ist Beobachtungsgabe gefragt, daher sollte sich der Samensud optimalerweise in einem durchsichtigen Glasbehälter befinden. Denn durch Hinzugabe einer basischen Lösung färbt sich der Samensud milchig, als gäbe man Milch in einen Kaffee.

Der Samensud färbt sich nach Hinzugabe einer basischen Lösung milchig

Auch hier wird die Lösung dem Samensud in kleinen Portionen hinzugefügt und anschließend umgerührt. Ab einem gewissen Punkt nimmt das Gemisch eine cremige Farbe an, eben wie ein Kaffee mit viel Milch darin.

Es ist essenziell, die Farbe genau zu beobachten und weiterhin geringe Mengen Lauge hinzuzufügen, bis keine Farbänderung mehr stattfindet. Es ist nicht verkehrt, noch etwas mehr Laugenwasser hinzuzufügen, da im nächsten Schritt das Gemisch mit einer Säure neutralisiert wird.

2. Jetzt wird gewartet, bis sich die Alkaloide am Glasboden abgesetzt haben. Um diesen Prozess zu beschleunigen, kann man das Glas auf eine Rüttelplatte oder zum Kaltdekantieren in den Kühlschrank stellen.

▶ Die Idee hinter dem Kaltdekantieren ist, dass die restlichen Schwebstoffe sich in kaltem Wasser weniger gut halten können und auf den Boden absinken.

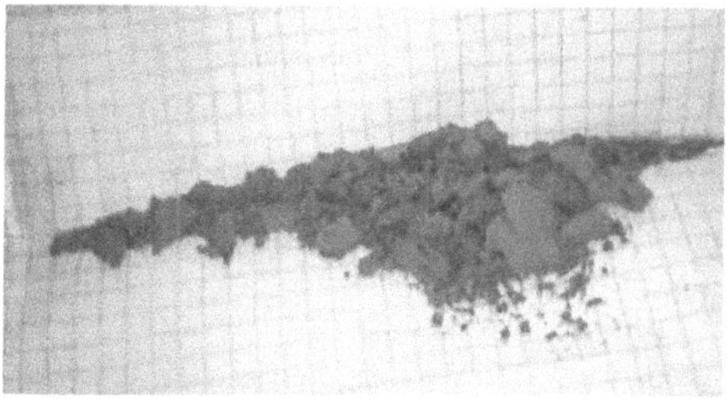

Getrocknete Alkaloide als freie Base

3. Wenn sich die Alkaloide abgesetzt haben, wird das Wasser vorsichtig abgegossen, sodass der Alkaloidschlamm am Boden verbleibt.

   Dann wird der Rest Flüssigkeit zusammen mit den Alkaloiden durch einen Kaffeefilter gegossen oder direkt in eine Schale zum Trocknen gegeben (je nachdem, wie viel Wasser noch im Behälter war). Der getrocknete Alkaloidschlamm ist noch nicht konsumfähig und muss zusätzlich gereinigt werden.

Die nach der Trocknung vorliegenden Alkaloide sind in dieser Form nicht in Wasser löslich, eignen sich also nicht als Schwarzlichtfarbe oder für die orale Einnahme. Dafür müssen sie in die Salzform umgewandelt werden.

Ansäuerung und Salzen

1. Die getrockneten Alkaloide werden zusammen mit etwa 200 ml destilliertem Wasser in einen Glasbehälter gegeben.
2. Dem wird Essig in ausreichender Menge hinzugefügt. Die Alkaloide liegen jetzt in ihrer Acetat-/Salzform vor. Dafür werden sie in ihre HCl-Salzform umgewandelt.

Reinigung

Zur Theorie: Die Harmin- und Harmalin-Alkaloide lösen sich nicht im Salzwasser und werden somit aus der Lösung ausfallen. Dabei nehmen sie ein Chlorid-Ion aus dem Salz auf.

Zunächst wird eine Steinsalzlösung hergestellt. 10 g reines Steinsalz pro 100 ml Wasser (heißes, destilliertes Wasser) ist ein gutes Verhältnis. Sollte die Steinsalzlösung übersättigt sein, wird Steinsalz das Endprodukt verunreinigen. Sollte sich daher unaufgelöstes Salz am Boden befinden, sollte es nicht zu der Alkaloidflüssigkeit gegeben werden.

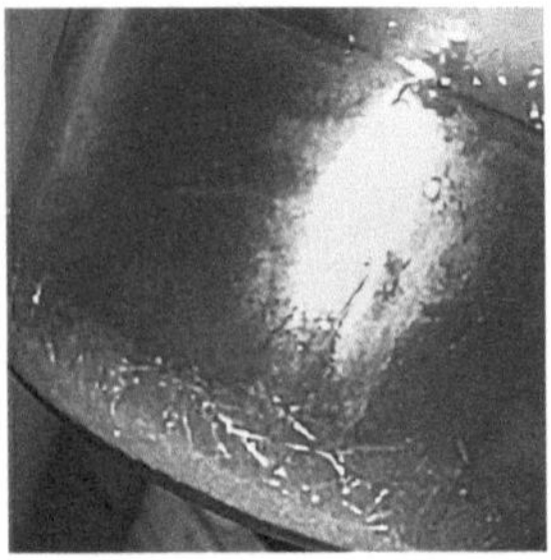

Harmala-Kristalle am Glasboden

Das Salz sollte ohne Jod sein, da Jod ein Säurebildner ist und ebenfalls das Endresultat verschlechtern könnte.

Die Salzlösung kann nun zum Alkaloid-Gemisch gegeben und anschließend für einige Stunden bei Raumtemperatur abgekühlt werden. Danach kommt es über Nacht in den Kühlschrank. Im Gefrierschrank würde sich das Wasser ausdehnen und das Glas zum Platzen bringen. Am Morgen darauf sind wunderschöne braune Harmala-Kristalle am Boden des Glases zu finden.

Die Flüssigkeit muss nun zügig abgegossen werden, bevor sich diese wieder erwärmt. Um schwimmende Kristalle aufzufangen, sollte man die Flüssigkeit durch einen Kaffeefilter laufen lassen.

Die Kristalle sollten jetzt erneut getrocknet werden. Um diesen Vorgang etwas zu beschleunigen, kann man sie bei 75 °C in den Backofen stellen. Der Schmelzpunkt der Alkaloide liegt deutlich über 75 °C.

Optional: Endgültige Basifizierung

Für ein reines Harmin- oder Harmalin-Extrakt kann an dieser Stelle direkt zum Kapitel »Trennung von Harmin und Harmalin« übergegangen werden.

Dieser Schritt ist identisch zum vorherigen Schritt, jedoch wird nicht gesalzen, sondern basifiziert. Das ist nötig, um die Kristalle erneut in ihre Freebase (Grundform) umzuwandeln. Die gereinigten Kristalle in ihrer Freebase-Form sind für den Konsum geeignet. Anstelle von Natriumhydroxid wird Natriumcarbonat für den letzten Schritt der Basifizierung verwendet.

Dafür wird eine **gesättigte Natriumcarbonatlösung** benötigt. Diese kann durch Auflösen von Natriumcarbonat in heißem destilliertem Wasser hergestellt werden. Dem Wasser wird so lange Natriumcarbonat hinzugefügt, bis die Lösung gesättigt ist. Dann wird die Lösung filtriert und auf Raumtemperatur abgekühlt. Eine klare Lösung deutet auf das richtige Mischungsverhältnis hin. Eine trübe dagegen auf zu viel Natriumcarbonat in der Lösung.

Die Natriumcarbonatlösung kann nun, in kleinen Mengen, dem Harmin-Harmalin-Wassergemisch hinzugegeben werden. Die Zugabe sollte augenblicklich gestoppt werden, sobald sich keine Verfärbungen mehr durch die Hinzugabe von Natriumcarbonatlösung ergeben. Dann muss man warten, bis sich die Alkaloide abgesetzt haben und die Flüssigkeit etwas klarer wird. Die Alkaloide müssen anschließend getrocknet werden.

Trennung von Harmin und Harmalin

Für die Trennung von Harmin und Harmalin macht man sich den Unterschied ihrer pKa-Werte zunutze. Der pKa gibt an, welchen pH-Wert die Moleküle in der Freebase- oder Salz-Form haben.

Harmin .... pKa: 7,7
Harmalin .... pKa: 9,8

Harmin wandelt sich ab einem bestimmten pH-Wert in seine Freebase-Form um, während Harmalin sich noch in seiner Salz-Form befindet und die beiden auf diese Weise voneinander getrennt werden können (Psychederic 2015: 146). Für die folgenden Arbeitsschritte ist es wichtig, genau auf den pH-Wert zu achten, um am Ende die besten Resultate zu erzielen. Mit einem guten pH-Meter lassen sich an dieser Stelle deutlich bessere Ergebnisse erzielen als mit gewöhnlichen Teststreifen.

Bei einem pH-Wert von 8,75 fallen etwa 92% des Harmins aus der Lösung, während zur gleichen Zeit nur etwa 8% des Harmalins ausfällt. Steigt der pH-Wert über 9,8, fällt auch das meiste Harmalin aus der Lösung. Daher ist es wichtig, stets unter diesem Wert zu bleiben.

Um Harmin aus der Lösung zu fällen, wird eine gesättigte Natriumcarbonatlösung bis zu einem pH-Wert von max. 8,75 dem Alkaloid-Wasser-Gemisch hinzugegeben. Die Natriumcarbonatlösung sollte aus diesem Grund nur in geringen Mengen zum Alkaloid-Wasser-Gemisch gegeben werden und auch der pH-Wert sollte stets kontrolliert werden.

Das Gemisch wird daraufhin etwa eine halbe Stunde stehen gelassen und anschließend filtriert. Das Harmin bleibt im Kaffeefilter zurück.

Nun wird Natriumcarbonat zur Lösung hinzugegeben, um das Harmalin auszufällen. Das Gemisch wird daraufhin etwa 2 Stunden stehen gelassen. Im Anschluss kann erneut eine Filtration mithilfe eines Kaffeefilters vorgenommen werden, um das Harmalin zu separieren.

Es ist zu beachten, dass sich etwa 8% Harmalin im separierten Harmin befinden und das separierte Harmalin sogar noch mehr Harmin enthält. Je öfter die Trennung durchgeführt wird, desto reiner wird das Endprodukt. Für eine erneute Trennung müssen die Alkaloide zunächst wieder in ihre Salz-Form konvertiert werden. Danach können sie anschließend wieder basifiziert und getrennt werden.

Nach dieser Prozedur können die Alkaloide bei Raumtemperatur zum Trocknen weggestellt werden.

Peganum harmala – Tripbericht und Forschung

Tripbericht Nr. 1

Vor Kurzem habe ich mir 5 g Samen der Syrischen Steppenraute für ein Ayahuasca-Analog bestellt. Da mir allerdings vom DMT solo (Yopo-Samen) beim ersten Mal schlecht wurde, unterließ ich diesen Trip, da ich keine Lust hatte, mich stundenlang zu übergeben. Ich wusste aber, dass man Steppenraute auch einfach so nehmen kann und es eine antidepressive Wirkung haben soll. Heute kam es dazu, dass meine Depressionen wieder schlimmere Ausmaße annahmen. Normalerweise kauf ich mir dann gern Bier, um dieses miese Gefühl zu bekämpfen. Stattdessen schnappte ich mir die Steppenraute und aß 2,5 g (1 Teelöffel). Ich wiege ca. 60 kg.

Kurz darauf gingen auch schon meine Selbstmordgedanken flöten. Doch was dann kam, übertraf meine Erwartungen: Mich überkam ein mollig warmes Gefühl, einhergehend mit Schwindel. Außerdem fühlte ich mich richtig glücklich (immer noch). Ja, es war so wie Morphium und die anderen Opiate. Ja, sogar unglaublich ähnlich. Ich bekam ganz kurz Schluckauf und war kurzzeitig ein wenig gereizt. Dies waren die typischen Nebenwirkungen, wenn ich Opiate nahm. Vielleicht liegt es ja daran, dass Harmalin (Wirkstoff der Steppenraute) ein Serotonin-Wiederaufnahmehemmer ist und Opiate diese Eigenschaft ebenfalls besitzen. Die Wirkungsweise unterscheidet sich öfters von Konsument zu Konsument, aber das weiß ja bestimmt jeder. Ich habe für mich endlich die Alternative zum Alkohol entdeckt, gegen Depressionen, die im Übrigen sehr viel schöner ist. [48]

Experimente mit steigender Dosierung (Tripbericht Nr. 2)

Mit 2 g Peganum-harmala-*Samen, gemahlen, in Kapseln:*
»Keine Wirkung.«

Mit 5 g Peganum-harmala-*Samen, gemahlen, in Kapseln:*
»Um ca. 1,45 h war ein Ohrengeräusch beobachtbar. Nach 2 h wurden präzise Bewegungen problematisch und Nystagmus (Augenzittern) trat auf. Milde Übelkeit und Durchfall, aber kein Erbrechen. Ich war empfindlich gegenüber Licht und Musik und zog mich in einen dunklen Raum zurück. Halluzinationen waren intensiv, aber nur mit geschlossenen Augen. Sie bestanden anfänglich aus einer weiten Auswahl an geometrischen Mustern in dunklen Farben, die im Laufe der Zeit stärker wurden. Sie verschwanden, wenn die Augen geöffnet wurden. Obwohl die lockeren Darmschwierigkeiten und die Übelkeit ausgesprochen konstant während des ersten Teils des Trips vorhanden waren, hatte ich

keine Angst. Es war, wie wenn die »Angst-Schaltkreise« im Gehirn ausgeschaltet wurden. Aus den geometrischen Formen wurden konkretere Bilder, Gesichter von Menschen, Filme aller Art, die mit hoher Geschwindigkeit ablaufen, und Tiere, z.B. Schlangen. Es ähnelte lebendigem und intensivem Träumen, mit dem Unterschied, dass ich mich danach noch an das Meiste erinnern konnte. Nach einer weiteren Stunde wurden die Dinge handhabbar und ich konnte hinaus in die Öffentlichkeit gehen. Mein Antrieb für Sex war angenehm erweitert und ich schlief anschließend gut.» [44]

Mit 7 g Peganum-harmala-*Samen, gemahlen, in Kapseln:*
»24 Stunden lang fühlte ich mich sehr krank.«

Mit 20 g Peganum-harmalaSamen, als Extrakt:
»Das ist wahrscheinlich genau so viel wie etwa ein Gramm der Harmala-Alkaloide. Dies war gemahlenes Material, extrahiert mit heißem, verdünnten Zitronensaft. Nach einer halben Stunde fand ich mich sowohl munter als auch schläfrig. Dann wurde ich ausgesprochen verwirrt, übel, und mit beschleunigten Herzschlägen. Ich hatte den starken Sinneseindruck von Rückwärtsbewegungen, Sich-Treiben-Lassen, mit matten Bildern unter meinen Augenlidern. Das Unterdrücken des Drangs zum Erbrechen war ein laufendes Problem. Ich konnte ganz einfach aus dem Körper gehen, ausgenommen dass ich ganz durch die Übelkeit verankert war. Nach drei Stunden wusste ich, dass ich den Gipfel erreicht hatte, und ich ging schlafen und erfuhr intensive und eigenartige Träume. Die ganze Erfahrung war ein Konflikt zwischen Trip und Kranksein.« [44]

MAO-Hemmer

MAO-Hemmer bzw. MAOI steht für Monoaminooxidase-Hemmer oder Monoaminooxidase-Inhibitor.

Die **Monoaminooxidase** ist ein Enzym, das bestimmte Neurotransmitter wie Dopamin, Serotonin, Adrenalin und ein paar weitere Amine abbaut. Neben den endogenen (körpereigenen) Katecholaminen verstoffwechselt die Monoaminooxidase auch exogen (von außen) zugeführte Amine wie beispielsweise Tyramin, welches im Käse und einigen anderen Nahrungsmitteln enthalten ist.

Die Monoaminooxidase kommt in zwei verschiedenen Varianten vor:

- Typ A (MAO-A)
- Typ B (MAO-B).

Der Unterschied zwischen den Enzymen MAO-A und MAO-B besteht darin, dass beide Enzyme jeweils unterschiedliche Amine abbauen.

MAO-A ist vor allem außerhalb des Gehirns – in den Nervenenden des sysmpathischen Nervensystems, in der Leber, dem Lungengefäßen, dem Gastrointestinaltrakt und der Plazenta – zu finden und ist für den Abbau folgender Amine zuständig:

- Serotonin (Glückshormon)
- Dopamin (Motivation und antriebssteigernde Effekte)
- Noradrenalin (Steuerung des Wachheitsgrades)
- Melatonin (Schlafhormon)
- Adrenalin
- Tyramin
- Tryptamin

MAO-B ist hauptsächlich in den Neuronen des Gehirns und in Blutplättchen vorhanden und baut vorwiegend folgende Amine ab:

- Phenethylamin
- Benzylamin
- Dopamin
- Tyramin
- Tryptamin

Sowohl MAO-A als auch MAO-B bauen gleichermaßen Dopamin, Tyramin sowie Tryptamin ab.

Welche Folgen bringt eine Dysfunktion der Monoaminooxidase mit sich?

Die Monoaminooxidase spielt eine wichtige Rolle bei der Inaktivierung von Neurotransmittern, daher wird angenommen, dass eine **MAO-Dysfunktion** (zu viel oder zu wenig MAO-Aktivität) für eine Reihe von psychiatrischen und neurologischen Störungen verantwortlich ist. Zum Beispiel wurden ungewöhnlich hohe oder niedrige MAO-Spiegel bei Menschen mit Schizophrenie, Depressionen, Aufmerksamkeitsstörungen, Drogenmissbrauch und Migräne in Verbindung gebracht. Sowohl Alzheimer als auch Parkinson sind auf erhöhte Konzentrationen von MAO-B zurückzuführen.

Bei dem Abbau der Amine durch die Monoaminooxidase A und B entstehen schädliche Nebenprodukte, die sogenannten **freien Radikale.** Der MAO-B-Spiegel steigt mit zunehmendem Alter an. Dies spielt eine bedeutende Rolle beim altersbedingten kognitiven Verfall und einer erhöhten Wahrscheinlichkeit bei der Entwicklung neurologischer Erkrankungen.

Was sind MAO-Hemmer?

Wie das Wort schon sagt, hemmen die MAO-Hemmer die Abbauenzyme der Monoaminooxidase, wodurch sich die Konzentration der Monoamine und damit auch die Konzentration von Neurotransmittern, wie beispielsweise Serotonin, erhöht.

So wie die Monoaminooxidase in zwei Varianten unterteilt wird, werden die MAO-Hemmer ebenfalls in mehrere Kategorien unterteilt:

Selektive MAO-Hemmer

Selektive Inhibitoren hemmen nur einen Typ der Monoaminooxidase: entweder selektiv die MAO-A oder selektiv die MAO-B.

Nicht selektive MAO-Hemmer

Hemmen beide Varianten der MAO, MAO-A und MAO-B.

Reversible MAO-Hemmer

Reversibel bedeutet, dass der MAO-Hemmer sich nur schwach an eine oder an beide Monoaminooxidasen bindet und diese spätestens mit dem Abbau der MAO-hemmenden Substanz wieder intakt ist.

Irreversible MAO-Hemmer

Irreversible MAO-Hemmer dagegen binden die Monoaminooxidasen-Enzyme dauerhaft. Um die Wirkung aufzuheben, muss das betroffene Enzym vom Körper erst neu gebildet werden, was einige Wochen dauern kann.

RIMA

Sogenannte RIMA sind reversibel und selektiv zugleich. Sie hemmen lediglich die MAO-A (RIMA = Reversible Inhibitoren der Monoaminoxidase A).

Medizinische Anwendung

Zu den häufig verwendeten Antidepressiva gehören die **selektiven Serotonin-Wiederaufnahmehemmer (SSRI)** und die **Noradrenalin-Wiederaufnahmehemmer (SNRI).** »Selektiv« bedeutet in diesem Fall, dass das Medikament gezielt auf den Stoffwechsel bestimmter Botenstoffe wirkt – zum Beispiel auf den Stoffwechsel von Serotonin (SSRI), Noradrenalin (SNRI) oder Serotonin und Noradrenalin gleichzeitig (SSNRI).

Mit der Hemmung der Monoaminooxidase versucht man, die aus dem Gleichgewicht geratene Menge der MAO wieder ins Gleichgewicht zu bringen. MAO-Hemmer wirken antriebssteigernd, stimmungsaufhellend und gering Angst dämpfend. Zum Einsatz kommen sie bei schweren Depressionen, Angst- und Zwangsstörungen.

Es wird angenommen, dass Antidepressiva wirken, indem sie den natürlichen Abbau von Noradrenalin und Serotonin verlangsamen. Sie tun dies, indem sie das MAO-Enzym blockieren, das z.B. für den Abbau von Serotonin verantwortlich ist. Wenn mehr Serotonin in der Synapse zur Verfügung steht, führt dies zu einem verringerten Depressionsgefühl. Studien belegen, dass beim Tabakkonsum die MAO-A-Aktivität um 28% und die MAO-B um ganze 40% gehemmt wird. [49] Mediziner meinen, dass Rauchen damit unbeabsichtigt zur Linderung von Depressionen und Angstzuständen beiträgt.

Natürlich vorkommende MAO-Hemmer

Syrische Steppenraute

Die Syrische Steppenraute *(Peganum harmala)* ist ein mehrjähriges Kraut, das in Teilen Europas, Nordafrika und dem Nahen Osten und Zentralasien gefunden wird. Die Samen und Wurzeln enthalten die Alkaloide Harmalin, Harmin, Harmalol, Harmol und Tetrahydroharmin. Das Harmalin und Harmin in den Samen- und Wurzelextrakten der Syrischen Steppenraute sind reversible MAO-A-Hemmer (RIMA).

Banisteriopsis caapi

Banisteriopsis caapi, auch bekannt als Ayahuasca-Liane, ist eine südamerikanische Rebe, die traditionell im psychotropen Gebräu Ayahuasca zur Behandlung von Parasiten und Verdauungsstörungen eingesetzt wird. *B. caapi* enthält hauptsächlich die MAO-A-Hemmer Harmin, Tetrahydroharmin und etwas Harmalin.

Passionsblume

Die Passionsblume (*Passiflora* spp.) enthält ebenfalls die selektiven MAO-Hemmer Harmalin und Harmin. Sie enthält auch einige Flavonoide, die z.T. leichte MAO-Hemmer sind und selbst psychotrope Eigenschaften aufweisen, einschließlich Apigenin, Kaempferol und Quercetin.

Natürlich vorkommende MAO-Hemmer mit geringer Wirkung

Muskatnuss

Der Samen des Muskatnussbaumes *(Myristica fragrans)* wird Muskatnuss genannt. Muskatnussöl enthält Myristicin, das in großen Dosen giftig sein kann. Myristicin ist ein nicht selektiver MAO-Hemmer.

Kurkuma

Kurkuma *(Curcuma longa)* ist eine gelbe Wurzel, die in der Traditionellen Chinesischen Medizin (TCM) verwendet wird. Eine Studie zeigte, dass Curcumin sowohl MAO-A als auch MAO-B inhibiert und somit die Werte von Serotonin und Dopamin im Körper erhöht. Die Kombination mit Piperin, einem Alkaloid aus schwarzem Pfeffer, verstärkt die MAO-hemmende Wirkung des Curcumins.

Kava

Die aktiven Inhaltsstoffe in Kava *(Piper methysticum)* werden Kavapyrone oder Kavalactone genannt. Eine Studie ergab, dass die Kavalactone selektive MAO-B-Hemmer sind und einen erhöhten Dopaminspiegel im Gehirn verursachen.

Gibt es Risiken bei der Einnahme von MAO-Hemmern?

Bei Eingriffen in die Körperchemie sind Risiken und Nebenwirkungen niemals vollständig auszuschließen. Daher ist es wichtig, die Risiken zu kennen und sie von vornherein zu minimieren.

Vor allem in Kombination mit bestimmten Nahrungsmitteln und Medikamenten kann eine Verwendung von MAO-Hemmern zu leichten bis lebensbedrohlichen Symptomen führen.

Tyramin

Bei der Verwendung von irreversiblen MAO-Hemmern kann es bei gleichzeitiger Einnahme von tyraminhaltigen Lebensmitteln (z.B. **Käse, Schokolade** oder **Rotwein**), zu einem gefährlichen Blutdruckanstieg kommen. Daher muss während der Einnahme eine strenge Diät eingehalten werden. Bei reversiblen MAO-Hemmern (MAOI, RIMA) ist solch eine Diät nicht nötig, weil diese im Gegensatz zu den irreversiblen MAO-Hemmern schon nach wenigen Stunden ihre Wirkung verlieren und die MAO wieder aktiv ist.

Medikamente

Es ist sehr gefährlich, einige Medikamente mit oral eingenommenen MAO-Hemmern zu kombinieren.

Die Interaktion mit Arzneimitteln und Medikamenten (einschließlich einiger frei verkäuflicher Medikamente und bestimmter Kräuter) kann **potenziell lebensbedrohlich** sein. Die Kombination von MAO-Hemmern und anderen Serotonin-Agonisten oder -Vorläufern stellt ein besonders schweres Risiko für ein **lebensbedrohliches Serotonin-Syndrom** dar. In dem Kapitel »MAOI-Interaktion und Gefahrenhinweis« sind Medikamente und Kräuter aufgelistet, die nicht mit MAO-Hemmern eingenommen werden dürfen.

Die Verwendung von Stimulanzien mit MAO-Hemmern ist besonders gefährlich und kann potenziell tödlich sein. Die Verwendung von **Kokain, Amphetaminen** oder **MDMA** (Ecstasy) mit MAO-Hemmern kann zu einem starken Anstieg des Blutdrucks führen, was die Wahrscheinlichkeit von Schlaganfällen und Hirnblutungen erhöht. MAO-Hemmer können aus einer relativ kleinen Menge Kokain eine Überdosierung machen. Berichte über Todesfälle durch eine Kombination von *Peganum harmala* und Kokain sowie eine Kombination von Amphetaminen mit MAO-haltigen Arzneimitteln sind ebenfalls in der medizinischen Literatur verzeichnet.

MAOI und psychoaktive Substanzen

Pflanzen, die als MAOI wirken, wie beispielsweise Syrische Steppenraute oder *Banisteriopsis caapi,* wurden von Schamanen in Mischungen und Gebräuen gezielt verwendet, um andere psychoaktive Substanzen oral wirksam zu machen.

Beispiel Ayahuasca: Das in Ayahuasca halluzinogen wirkende DMT würde ohne einen MAO-Hemmer keinerlei Wirkung entfalten, da es fast augenblicklich von der Monoaminooxidase abgebaut wird. Erst durch die Hemmung der Monoaminooxidase kann das DMT seine psychoaktive Wirkung entfalten. Dass DMT bei der Inhalation dennoch eine starke Wirkung entfaltet, liegt daran, dass die metabolische Kapazität für kurze Zeit überschritten wird.

Auf dieser Grundlage stellt sich folgende Frage: Ist eine tyraminarme Diät vor der Einnahme von Ayahuasca aus physischen Gründen unbedingt einzuhalten?

Diese Frage taucht immer wieder im Netz auf und nach unserer Meinung besteht ein erhöhter Klärungsbedarf. Der Verzicht auf tyraminhaltige Lebensmittel sollte nicht mit der spirituellen/schamanischen Diät, die im Amazonasgebiet praktiziert wird, verwechselt werden. Der Zweck der schamanischen Diät ist die Vermeidung von schmackhaften Lebensmitteln, dazu gehören Salz, Zucker, Gewürze usw. Diese Diät dient dabei als symbolische Opfergabe für die Pflanzengeister und als energetische Reinigung vor der Zeremonie.

Darüber hinaus sind die in Ayahuasca enthaltenen MAO-Hemmer vorwiegend MAO-A-Hemmer (sog. RIMA). Da MAO-A und MAO-B gleichermaßen am Abbau von Tyramin beteiligt sind und während der Einnahme von Ayahuasca größtenteils nur die MAO-A gehemmt ist, ist MAO-B immer noch aktiv und kann Tyramin weiterhin abbauen. Die Frage sollte also an dieser Stelle geklärt sein. Nicht auszuschließen wären eventuell überempfindliche Menschen. Daher sollte man aus Sicherheitsgründen wenige Stunden vor der Ayahuasca-Einnahme nicht unbedingt ein Kilo Käse essen.

Der Forscher Jonathan Ott schrieb in einem Bericht über Pharmahuasca: »*Ich habe das Schicksal persönlich herausgefordert und nahm Käse, Bier, Schokolade, Koffein, Nüsse, Trockenfrüchte usw. beim Abklingen meiner Pharmahuasca- und Ayahuasca-Erfahrungen zu mir, ohne dass irgendwelche negativen Auswirkungen eintraten.*«

Changa

Wie zuvor beschrieben, befinden sich die Monoaminooxidase-Enzyme unter anderem in Darm, Blut, Lunge und im Kopf. Die orale Aufnahme von MAO-Hemmern sorgt dafür, dass die MAO im Darm gehemmt wird. Wird der MAO-Hemmer inhaliert bzw. geraucht, verläuft dieser Prozess jedoch etwas anders.

Denn nur eine geringe Menge der MAO-Hemmer, die über eine Inhalation in den Blutkreislauf gelangen, so wie es bei Changa der Fall ist, kommen auch tatsächlich im Magen-Darm-Trakt an. Die MAO-Aktivität bleibt im Magen beim Rauchen weiterhin intakt, und somit besteht auch beim Konsum von tyraminhaltigen Lebensmitteln kein Grund zur Gefahr. Auf Nahrungsmitteleinschränkungen kann demnach bedenkenlos verzichtet werden, wobei es allgemein auch nicht ratsam ist, mit vollem Magen auf die Reise zu gehen.

MAO-Hemmer - Gefahrenhinweise

Die folgende Liste enthält bestimmte Stoffe, die 12 Stunden vor und 12 Stunden nach dem Gebrauch eines MAOI nicht eingenommen werden sollten. Bei pharmazeutischen bzw. irreversiblen und nicht selektiven MAO-Hemmern kann die Wartezeit mehrere Wochen betragen. Dies ist jedoch vom jeweilen MAO-Hemmer abhängig. So hemmt beispielsweise Rasagilin (irreversibler, selektiver MAO-B-Hemmer) die MAO-B fünf- bis zehnfach stärker als Selegilin. Bei Fragen sollte vorher immer ein Arzt konsultiert werden.

Sehr gefährlich:

- Antidepressiva, die selektive Serotonin-Wiederaufnahmehemmer (SSRI) enthalten, wie z.B. das Kraut Kanna *(Sceletium tortuosum)* und Medikamente wie Paroxetin (Seroxat), Fluoxetin (Prozac), Citalopram (Cipramil), Fluvoxamin (Fevarin) und Sertralin (Zoloft)
- Schlaftabletten
- Anästhetika
- Migräne-Medikamente
- Allergie-Medikamente
- Codein
- Kokain
- Amphetamin (Speed)
- MDMA (XTC)
- Meskalin-Kakteen (Peyote und San Pedro)
- Alkohol
- Ephedra/Ephedrin
- Pseudoephedrin
- Macromerin
- Phentermin

Verursachen eventuell Kopfweh oder Übelkeit:

- kultivierte Milchprodukte (Buttermilch, Joghurt und Sauerrahm)
- jeglicher reifer, alter Käse
- trockene und fermentierte Wurst (Salami, Corned Beef und Leber)
- jegliches Fleisch, Fisch und Eier (konserviert)
- Essighering und gesalzener, getrockneter Fisch
- Fleischextrakte
- Hefeextrakte/Bierhefe
- Sauerkraut
- Obst (Bananen, Avocados, Feigen in Dosen, Rosinen, Pflaumen, Ananas, Himbeeren)
- Nüsse (Erdnüsse)
- Bohnen und Hülsenfrüchte (Lima, Favabohnen, Linsen, Erbsen und Sojabohnen)
- Sojasauce
- LSA (Samen von Morning Glory und Baby Hawaiian Woodrose)
- MDA-Kräuter (Muskat, Kalmus)
- Schokolade
- Koffein (Kaffee, Tee, Cola, Guarana, Energydrinks)
- Ginseng
- Johanniskraut
- Nasensprays (Wick, Prevalin oder Otrivin)
- andere MAO-Hemmer

[50]

Ayahuasca-Liane *(Banisteriopsis caapi)*

Banisteriopsis caapi, auch Caapi, Yagé und Ayahuasca genannt, ist im gesamten Amazonasgebiet (darunter in Peru, Brasilien, Bolivien und Venezuela) verbreitet. Ihre Art zählt zu den Malpighiengewächsen (Malpighiaceae). *B. caapi* ist eine der Hauptzutaten zur Bereitung des legendären psychoaktiven Tranks Ayahuasca.

Banisteriopsis caapi wird in Südamerika vermutlich schon seit Jahrhunderten zur Herstellung psychoaktiver Getränke verwendet. Die Pflanze wird in zwei Variäteten unterschieden, in *Banisteriopsis caapi* var. *caupari* und *Banisteriopsis caapi* var. *tukonaka*. Während die *Tukonoka*-Varietät ganz glatte Stängel besitzt, hat die *caupari* Knoten in den Stängeln und entfaltet eine stärkere Wirkung. Beide Arten enthalten jedoch die begehrten MAO-hemmenden β-Carboline.

Inhaltsstoffe

B. caapi enthält verschiedene Harman-Alkaloide. Am stärksten repräsentiert (in dieser Reihenfolge) sind:

- Harmin
- Harmalin
- Tetrahydroharmin
- Banistenosid A und B
- Acetylnorharmin
- Ketotetrahydronorharmin
- Shihunin
- Tetrahydronorharmin
- Dihydroshihunin

Das Hauptalkaloid Harmin ist ein reversibler MAO-Hemmer, was die orale Einnahme potenziell gefährlich gestalten könnte. Vor der Einnahme sollte der Konsument sich vorab genaustens mit der Wirkung und dem biochemischen Wirkmechanismus im Kapitel »MAO-Hemmer« auseinandersetzen.

Wirkstoffgehalt

Die Stängel enthalten 0,11–0,83% ß-Carboline,
die Zweige 0,28–0,37%,
die Blätter 0,28–0,7% und
die Wurzeln zwischen 0,64–1,95% Alkaloide.

Etwa 40–96% der Alkaloide liegen in den verschiedenen Pflanzenteilen als Harmin vor; Harmalin 0–17% und Tetrohydroharmin 1–44%. Harmalin fehlt in manchen Proben jedoch ganz, in anderen macht es bis zu 15% der Gesamtalkaloide aus (Rätsch 1998: 87).

Dosierung

Da jede Pflanze unter unterschiedlichen Bedingungen aufwächst, kann der Wirkstoffgehalt zwischen verschiedenen Pflanzen stark schwanken. Aus diesem Grund ist es im Vorfeld schwer zu sagen, wie viel von der Pflanze man einnehmen muss, um die gewünschte Wirkung hervorzurufen.

Im Normalfall entfalten 20–30 g eine MAO-hemmende Wirkung. Für die Ayahuasca-Zubereitung werden häufig 20–50 g des getrockneten Pflanzenmaterials verwendet. Die Wurzel muss darüber hinaus deutlich niedriger dosiert werden. Hier genügen bereits 10–20 g für eine MAO-hemmende Wirkung.

Wirkung

Die enthaltenen MAO-Hemmer wirken antidepressiv, sedierend und beruhigend und laut einigen Konsumenten bei erhöhter Dosierung auch leicht psychedelisch.

Der Monokonsum (alleiniger Konsum von *B. caapi*) soll Träume verstärken und das Erinnerungsvermögen erhöhen. Berichtet wird auch häufig von einem Trance-ähnlichen Zustand. Gelegentlich werden Halluzinationen mit fantastischen Landschaften und Tieren beschrieben, aber auch sexuelle Empfindungen können auftreten.

Generell gibt es verschiedene, teils sich widersprechende Meinungen zur Wirkung dieser Pflanze im Monokonsum. Manche Konsumenten beschreiben die Erfahrung als eher unangenehm, während andere von interessanten Wirkaspekten berichten und den Trip als durchaus angenehm empfinden.

Die folgenden Beschreibungen wurden subjektiven Erfahrungsberichten entnommen und können daher nur als Orientierungshilfen verstanden werden:

15 g der Liane, ohne weitere Zusätze, etwa 16 Stunden lang gekocht, bewirkt einen sehr ruhigen meditativen Zustand, der als herzöffnend und fröhlich beschrieben wird. 30 g der Liane wirken stimmungsaufhellend, euphorisierend und entspannend. (Schuldes 2011: 27)

Nebenwirkungen und Gefahren

Beim Monokonsum können folgende Nebenwirkungen auftreten:

- Übelkeit
- Erbrechen (bei hoher Dosierung)
- Veränderung der Wahrnehmung
- als real empfundene Halluzinationen (bei hoher Dosierung)
- motorische Beeinträchtigungen
- visuelle Beeinträchtigungen
- Schwindelgefühle
- Verstärkung der akustischen Reize

Der Mischkonsum mit Alkohol und anderen Drogen ist aufgrund der MAO-hemmenden Wirkung **potenziell lebensgefährlich.**

Der Mischkonsum mit DMT und anderen psychedelischen Tryptaminen (wie 5-MeO-DMT, 4-HO-MET oder DPT) kann zu einer extrem intensiven und länger andauernden Erfahrung führen.

Man sollte den Mischkonsum also nur ins Auge fassen, wenn man erfahrener Psychonaut und mit Safer Use, Set und Setting bestens vertraut ist und schon viele psychedelische Trips erfolgreich gemeistert hat.

Konsummöglichkeiten

- Stängel, frisch oder getrocknet *(Banisteriae lignum)*
- Rinde, die frische oder getrocknete Stammrinde *(Banisteriae cortex)*
- Blätter, getrocknet

Tee: In einigen Gebieten des Amazonas wird aus der Pflanze ein Tee zubereitet und sowohl innerlich als auch äußerlich angewandt. Der Tee wird auf diese Weise als volkstümliches Heilmittel angewandt.

Rauchen: Südamerikanische Ureinwohner rauchen die getrockneten Blätter sowie die Rindenstücke der Liane. Um die Intensität der Heilpflanze zu steigern, werden die Blätter vor dem Rauchen pulverisiert.

Kochen: Die Liane wird mit Wasser und etwas Zitronensäure für 2 Stunden gekocht. Der Sud kann getrunken werden.

Rechtslage

Die Rechtslage dieser Pflanze ist in Deutschland, Österreich, der Schweiz und wahrscheinlich allen Ländern der Welt eindeutig: Die Pflanze *Banisteriopsis caapi* ist vollkommen legal und unterliegt weder dem BtMG noch dem AMG.

Extraktion von *Banisteriopsis caapi*

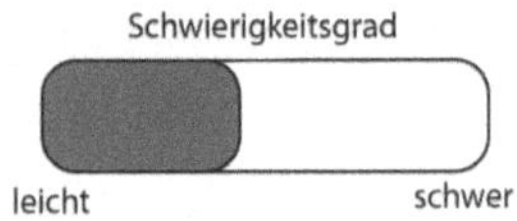

Materialien

- Lauge (Natriumhydroxid)
- Essigessenz (5%ig)
- destilliertes Wasser
- Kaffeefilter
- Trichter
- Edelstahltopf
- pH-Streifen
- Einmachglas (ca. 1000 ml)
- Gummi-Handschuhe
- *Banisteriopsis caapi*

Säurekochen

1. Man füllt 500 ml destilliertes Wasser in einen Edelstahltopf.
2. Zum Wasser gibt man 0,25 ml Essig.
3. Als pflanzches Ausgangsmaterial dienen 70 g zerkleinerte *Banisteriopsis-caapi*-Ranke (Rebe).
4. Nun wird alles zusammen 0,5–1 h lang geköchelt und anschließend in einen anderen Behälter umgefüllt.
5. Der Vorgang wird zwei weitere Male wiederholt, um möglichst alle Alkaloide daraus zu lösen.
6. Nun wird die gesamte Flüssigkeit auf etwa 400 ml eingekocht.
7. Nach dem Abkühlen wird die Flüssigkeit durch einen Kaffeefilter in einen Glasbehälter gegossen.

Basifizierung/Fällung

1. Zur Basifizierung löst man etwa 5 g Lauge (Natriumhydroxid) in 50 ml destilliertem Wasser auf.
2. Dann fügt man die Lauge dem »Caapi-Wasser« hinzu und rührt ein paar Minuten lang um. Wenn die Alkaloide aus der Lösung fallen und sich am Boden des Glases absetzen, kann man aufhören zu rühren.
3. Man lässt das Ganze daraufhin ca. 12 Stunden ruhen, damit sich die Alkaloide vollständig absetzen können.

Reinigung (Teil 1)

1. Das Wasser, das sich oberhalb der abgesetzten Alkaloide befindet, kann nun abgegossen und entsorgt werden.
2. Nun gibt man 200 ml frisches destilliertes Wasser zu den abgesetzten Alkaloiden. Das Gemisch wird kurz umgerührt und danach so lange stehengelassen, bis sich alle Alkaloide am Boden abgesetzt haben.
3. Das Wasser (ohne die Alkaloide) wird erneut abgegossen und entsorgt.
4. Die Reinigung wird zwei weitere Male durchgeführt.

Reinigung (Salzen)

1. Als Nächstes gibt man etwa 150 ml destilliertes Wasser zu den Alkaloiden.
2. Um die Alkaloide in Wasser löslich zu machen, fügt man etwa 50 ml Essig den Alkaloidkristallen hinzu. Der pH-Wert sollte mit einem Teststreifen überprüft werden.
3. Nun wartet man, bis sich alle Partikel am Boden des Behälters abgesetzt haben.
4. Wenn die Flüssigkeit nicht mehr trüb erscheint, kann sie in ein separates Gefäß umgefüllt werden. Dieses Mal können die Rückstände, die sich am Boden des Behälter absetzen, entsorgt oder aufbewahrt werden.

Basifizierung

1. Für die Basifizierung wird eine gesättigte Laugenlösung benötigt. Zur Herstellung eignet sich Natriumcarbonat, das in 50 ml destilliertem Wasser gelöst wird.
2. Jetzt fügt man die Lauge unter Rühren langsam zur Alkaloidlösung hinzu. Sobald die Alkaloide aus der Lösung fallen, muss man keine weitere Lauge mehr zugeben.

Reinigung (Lauge entfernen)

Wenn sich die Alkaloide erneut abgesetzt haben, kann die Flüssigkeit entfernt und in einem separaten Gefäß über Nacht aufbewahrt werden. Da möglicherweise nicht alle Alkaloide aus der Lösung ausgefallen sind, werden die letzten 5 Schritte noch ein weiteres Mal wiederholt.

Verdunstung

Die Alkaloide befinden sich jetzt in ihrer Freebase-Form und müssen nur noch getrocknet werden.

Dazu eignet sich ein großflächiger Glasbehälter (Auflaufform), in dem die Alkaloide bei schwacher Wärme im Ofen oder wahlweise an der Luft getrocknet werden.

Nach dem Trocknen können die Alkaloide vom Boden der Auflaufform abgekratzt werden.

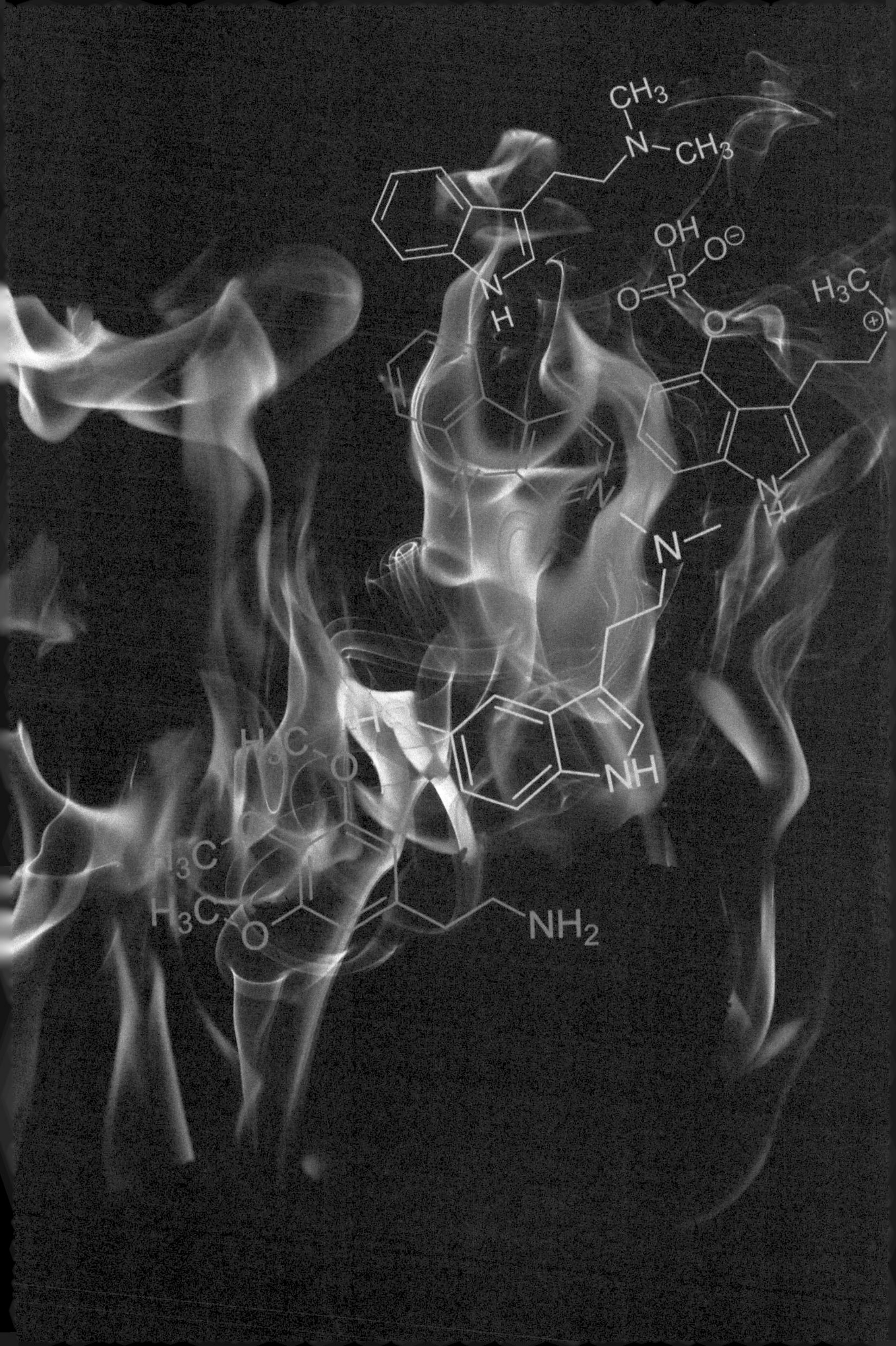

Literatur

Berger, Markus (2017): *Changa – Die rauchbare Evolution des Ayahuasca.* 2. Auflage, Solothurn: Nachtschatten Verlag.

Breitmaier, Eberhard (2002): *Alkaloide – Betäubungsmittel, Halluzinogene und andere Wirkstoffe. Leitstrukturen aus der Natur.* 2. Auflage, Stuttgart/Leipzig/Wiesbaden: Teubner Verlag.

DeKorne, Jim (1994/1995): *Entheogene.* 2. Ausgabe, Rehungen: Bert Marco Schuldes.

DeKorne, Jim (1998): *Psychedelischer Neo-Schamanismus.* Löhrbach: Werner Pieper and The Grüne Kraft.

Green, B. (1994/1995): *Entheogene.* 2. Ausgabe. Rehungen: Bert Marco Schuldes.

JG, C A (1994/1995): *Entheogene.* 2. Ausgabe. Rehungen: Bert Marco Schuldes.

Narby, Jeremy (2001): *Die kosmische Schlange – Auf den Pfaden der Schamanen zu den Ursprüngen modernen Wissens.* 2. Auflage, Stuttgart: Klett-Cotta-Verlag.

Psychederic (2015): *Swim's Psychedelic Cook Book. Mescaline, DMT and Harmalas.* 1. Auflage.

Rätsch, Christian (1992): *Lexikon der Zauberpflanzen aus ethnologischer Sicht.* Graz: Lizenzausgabe, Akademische Druck- und Verlagsanstalt.

Rätsch, Christian (1998): *Enzyklopädie der psychoaktiven Pflanzen.* 2. Auflage, Aarau: AT Verlag.

Shulgin, Alexander, und Shulgin, Ann (1997): *TIHKAL. The Continuation.* 1. Auflage. Transform Press.

Schuldes, Bert Marco (2011): *Psychoaktive Pflanzen.* 17. Auflage. Löhrbach: Werner Pieper & The Grüne Kraft.

Strassman, Rick (2004): *DMT: Das Molekül des Bewusstseins. Zur Biologie von Nahtod-Erfahrungen und mystischen Erlebnissen,* 5. Auflage, AT Verlag.

Internetquellen

[1] Alkaloide (2021). In: Wikipedia – Die freie Enzyklopädie, https://de.wikipedia.org/wiki/Alkaloide; abgerufen am 17.01.22

[2] Wetzel Sandra / Greiner, Cornelia / Dülger, Selahattin (2018): Alkaloide, http://daten.didaktikchemie.uni-bayreuth.de/umat/alkaloide/archiv/alkaloide.html; abgerufen am 17.01.2022

[3] N.N. (2021): Dünnschichtchromatografie, www.chemie.de/lexikon/Dünnschichtchromatografie.html; abgerufen am 17.01.2022

[4] Müller, Katharina (2019): DMT – Das stärkste Psychedelikum der Welt, www.spektrum.de/wissen/dmt-das-staerkste-halluzinogen-der-welt/1604558; abgerufen am 17.01.2022

[5] Barker, Steven (2018): N, N-Dimethyltryptamine (DMT), an Endogenous Hallucinogen: Past, Present, and Future Research to Determine Its Role and Function, www.frontiersin.org/articles/10.3389/fnins.2018.00536/full; abgerufen am 18.01.2022

[6] N.N. (2015): Eines der bestgehüteten Geheimnisse der Menschheit, www.zaronews.world/zaronews-presseberichte/eines-der-bestgehueteten-geheimnisse-der-menschheit-die-zirbeldruese-die-zirbeldruese-portal-von-hoeheren-dimensionen-teil1; abgerufen am 18.01.2022

[7] Schuldes, Bert Marco (2012): Desmanthus illinoensis – Illinois bundleflower, www.psychotropicon.info/desmanthus-illinoensis-illinois-bundleflower; abgerufen am 16.03.2022

[8] N.N.: Acacia senegal (Linnaeus) Willdenov, https://catbull.com/alamut/Lexikon/Pflanzen/Acacia%20senegal.htm; abgerufen am 16.03.22

[9] N.N.: Plants that Contain DMT, https://cupdf.com/document/plants-that-contain-dmt.html#tabSectionPart; abgerufen am 15.03.2022

[10] N.N.: Mimosa hostilis (C. Martius) Bentham, https://catbull.com/alamut/Lexikon/Pflanzen/Mimosa%20hostilis.htm; abgerufen am 17.01.2022

[11] Wiechoczek, Dagmar (2006): Aceton – eines der bevorzugten Lösemittel, https://www.chemieunterricht.de; abgerufen am 18.01.2022

[12] Psychotropicon (2011): GRAMIN, Drogennotfälle und toxische Pflanzeninhaltsstoffe, www.psychotropicon.info/gramin-drogennotfalle-und-toxische-pflanzeninhaltsstoffe; abgerufen am 15.03.2022

[13] N.N. (1995): Phalaris / DMT FAQ, https://erowid.org/plants/phalaris/phalaris_faq.shtml#10; abgerufen am 17.01.2022

[14] Festi, Francesco / Samorini, Giorgio (1994): Ayahuasca-like effects obtained with Italian plants, https://wiki.dmt-nexus.me/w/images/8/8a/Festiandsamorini.pdf; abgerufen am 17.01.2022

[15] Rätsch, Christian (1998): Ayahuasca: die Reise zum Ursprung der Kultur, www.christian-raetsch.de/Artikel/Artikel/Ayahuasca.html; abgerufen am 17.01.2022

[16] N.N. (2015): Ayahuasca, https://drugscouts.de/de/lexikon/ayahuasca; abgerufen am 18.01.2022

[17] Rottmann, Chris (2020): Changa – die nächste evolutionäre Stufe des Ayahuasca, https://das-dritte-auge.com/changa-die-heilige-medizin-unseres-geistes; abgerufen am 18.01.2022

[18] Johann, Kevin (2015): Der Beifuß – Eine uralte Ritual- und Zauberpflanze, www.hanf-magazin.com/drogenkunde/schamanenpflanzen/der-beifuss-eine-uralte-ritual-und-zauberpflanze; abgerufen am 17.01.2022

[19] N.N. (2014): Sassafras officinale – Nelkenzimtbaum, www.psychotropicon.info/sassafras-officinale-nelkenzimtbaum-2; abgerufen am 17.01.2022

[20] N.N. (2013): Pharmahuasca trip report – 110mg N,N-DMT encapsulated + 3g Syrian Rue in Tea, www.reddit.com/r/Psychonaut/comments/120df6/pharmahuasca_trip_report_110mg_nndmt_encapsulated; abgerufen am 17.01.2022

[21] N.N. (2022): Bufotenin, www.chemie.de/lexikon/Bufotenin.html; abgerufen am 17.01.2022

[22] Wikipedia – Die freie Enzyklopädie(2022): Bufotenin, https://en.wikipedia.org/wiki/Bufotenin; abgerufen am 17.01.22

[23] N.N.: Bufotenin, www.biologie-seite.de/Biologie/Bufotenin#:~:text=Deutschland,Mensch%20oder%20Tier%20bestimmt%20ist; abgerufen am 17.01.22

[24] N.N. (2017): Yopo, https://drogen.wikia.org/de/wiki/Yopo; abgerufen am 17.01.2022

[25] ellter (2010): Yopo Samen (DMT), Zubereitung und Tripbericht, www.eve-rave.ch/Forum/viewtopic.php?t=19500; abgerufen am 17.01.22

[26] N.N.: Tryptamine (DMT, 5-MeO-DMT), https://infoboerse-neue-drogen.de/fachkraefte/substanzklassen/tryptamine-dmt-5-meo-dmt; abgerufen am 17.03.2022

[27] Samichlaus (2013): 5-Meo-DMT Naturgeister, Ekstase und kosmischer Tanz, www.eve-rave.ch/Forum/viewtopic.php?t=1391; abgerufen am 17.01.2022

[28] Entropymancer (2008): »Jungle Spice« – Mystery Alkaloids of Mimosa Root Bark, https://wiki.dmt-nexus.me/w/images/b/b7/jungle_spice.pdf; abgerufen am 17.01.2022

[29] N.N. (2016): Phenylethylamin (PEA), www.eve-rave.org/drogen-abc/naturdrogen/phenylethylamin-pea/; abgerufen am 17.01.2022

[30] N.N. (2016), Phenylethylamin (PEA), www.eve-rave.org/drogen-abc/naturdrogen/phenylethylamin-pea/; abgerufen am 17.03.2022

[31] N.N.: Informationen zur Droge Meskalin, https://ppo-kiel.de/meskalin,abgerufen am 17.01.2022

[32] Rötzer, Florian (2013): Halluzinogene Drogen wie LSD oder Meskalin erhöhen nicht das Risiko für psychische Störungen, www.heise.de/tp/news/Halluzinogene-Drogen-wie-LSD-oder-Meskalin-erhoehen-nicht-das-Risiko-fuer-psychische-Stoerungen-1995133.html; abgerufen am 17.01.2022

[33] Codrea-Rado, Anna (2017): Wenn du für immer auf Drogen hängen bleibst, www.vice.com/de/article/pakkp7/wenn-du-fur-immerauf-drogen-hangen-bleibst; abgerufen am 17.01.2022

[34] Meskalin (2022). In: Wikipedia – die freie Enzyklopädie, https://de.wikipedia.org/w/index.php?title=Meskalin&oldid=213723405; abgerufen am 17.03.2022

[35] Berger, Markus (2019): Alles über Meskalin-Kakteen, www.grow.de/artikel/basiswissen-detailseite/alles-ueber-meskalin-kakteen.html; abgerufen am 17.01.2022

[36] N.N. (2003): Peyote-Kaktus, www.thema-drogen.net/drogen/halluzinogene-drogen/peyote-kaktus; abgerufen am 17.01.2022

[37] N.N. (1997): Peyote, https://erowid.org/plants/peyote/peyote.shtml; abgerufen am 17.01.2022

[38] Barton, Steve (1994): San Pedro Potency FAQ, https://erowid.org/plants/cacti/cacti_sanpedro_potency_faq.shtml; abgerufen am 17.01.2022

[39] N.N. (2006): Meskalin – Göttin und Teufelin, www.land-der-traeume.de/trip_lesen.php?id=2433; abgerufen am 18.01.2022

[40] N.N. (2017): Are Harmine and Harmaline the only alkaloids extracted by NaCl tek?, https://www.dmt-nexus.me/forum/default.aspx?g=posts&m=882889; abgerufen am 17.01.2022

[41] Steppenraute (2022). In: Wikipedia – Die freie Enzyklopädie, https://dewiki.de/Lexikon/Steppenraute; abgerufen am 17.03.2022

[42] Schinder, Hannes (2016): Peganum harmala (Steppenraute), https://hanf-journal.de/2016/04/24/peganum-harmala-steppenraute; abgerufen am 17.01.2022

[43] N.N.: Harmin, https://erowid.org/lang/de/drug_reference/harmin.shtml; abgerufen am 18.01.2022

[44] N.N., Harmalin, https://catbull.com/alamut/Lexikon/Mittel/Harmalin.htm; abgerufen am 17.03.2022

[45] N.N. (2008): Harmin, https://catbull.com/alamut/Lexikon/Mittel/Harmin.htm; abgerufen am 18.01.2022

[46] N.N.: Banisteriopsis Caapi (Spruce ex Grisebach) Morton, https://catbull.com/alamut/Lexikon/Pflanzen/Banisteriopsis%20caapi.htm; abgerufen am 17.03.2022

[47] N.N.: Harmalin, https://erowid.org/lang/de/drug_reference/harmalin.shtml; abgerufen am 17.03.2022

[48] N.N. (2007): Der schnelle Weg zum Glücklichsein!, www.land-der-traeume.de/trip_lesen.php?id=4606; abgerufen am 17.1.2022

[49] Launay, Jean-Marie / Del Pino, Muriel /Chironi, Gilles / Callebert, Jacques / Peoc'h,Katell /Mégnien, Jean-Louis / Mallet, Jacques / Simon, Alain / Rendu, Francine (2009): Smoking Induces Long-Lasting Effects through a Monoamine-Oxidase Epigenetic Regulation, https://journals.plos.org/plosone/article?id=10.1371/journal.pone.0007959; abgerufen am 17.03.2022

[50] N.N.: Was sollte ich über MAO-Hemmer wissen?, www.ayahuasca-info.com/de/faq; abgerufen am 17.01.2022

Der Autor

Yuma Greenwood ist das Pseudonym eines psychonautischen Autors. Nach seiner Ausbildung begab sich der in Deutschland geborene Yuma Greenwood auf eine lebensverändernde spirituelle Reise. Sein Weg führte ihn zu den Ureinwohnern Südamerikas, die ihm während seines 5-jährigen Aufenthalts die rituellen und schamanischen Gebräuche im Umgang mit entheogenen Substanzen vermittelten.

Heute fühlt sich Yuma verpflichtet, seine Erkenntnisse an die westliche Gesellschaft weiterzugeben.

Bildquellen

16 PD
20 W. Selen/Wikimedia, CC BY-SA 3.0; PD
21 PD
32 M. Berger
39 João Medeiros
40 PD
67 The DMT Handbook
68 Harry Rose
74 PD
77 PD
80 Adobe Stock
88 Jon Hanna / Erowid.org
106 Wildfeuer / Wikimedia, CC BY-SA 3.0
109 Xevi V / Flickr
112 Karen Blix / Flickr
115 www.inpn.mnhn.fr
141 iStock
149 Public Domain
151 oben: Public Domain; unten: Forest & Kim Starr
153 PD
166 Yuriy75/Wikimedia
173 Pixabay
185 oben und Mitte: iStock, unten: PD
186 beide Adobe Stock
190 Adobe Stock
192 Adobe Stock

Alle anderen Bilder stammen aus dem Archiv des Autors oder wurden von ihm selbst erstellt.

Markus Berger
DMT
Forschung, Anwendung, Kultur
ISBN 978-3-03788-539-0
400 Seiten, Format 17 × 24 cm
Farbfotos, gebunden

Ismael Wetzky
DMT-Begegnungen
Psychedelische Realitäten
und multidimensionale Wesen

ISBN 978-3-03788-668-7
204 Seiten, 14,8 × 21 cm, Broschur

Markus Berger
2. Auflage
Changa
Die rauchbare Evolution des Ayahuasca
ISBN 978-3-03788-356-3
132 Seiten, Format A6, Broschur

Kevin Johann
Der Schamanengarten
ISBN 978-3-03788-659-5
280 Seiten, Format 17 × 24 cm,
durchgehend 4-farbig, Broschur

NACHTSCHATTEN VERLAG

Nachtschatten Verlag AG